寒地水稻氮素营养诊断
方法研究与应用

宋丽娟　著

哈尔滨工程大学出版社
Harbin Engineering University Press

内容简介

本书共分为 6 章。第 1 章为概论，第 2 章为基于叶片寒地粳稻的临界氮浓度稀释模型构建与验证，第 3 章为基于 SPAD 的水稻氮素营养指数估算模型构建与验证，第 4 章为基于机载多光谱的水稻氮素营养指数估算模型构建与验证，第 5 章为基于卫星遥感的黑龙江省寒地水稻氮素营养诊断，第 6 章为寒地水稻精准氮素管理的对策建议。本书系统分析了寒地水稻主栽品种临界氮浓度稀释曲线的建立、氮营养指数的应用、基于机器学习算法构建的氮素营养无损诊断模型、利用遥感技术监测寒地水稻生长过程中氮肥的需求量，形成了精准追氮解决方案，可以指导农民合理追施氮肥，为农业生产管理部门决策的制定提供依据。

本书可作为高等院校农业遥感相关专业师生的教材，也可作为农业生产管理和决策部门的相关人员及遥感相关专业科技工作者的参考资料。

图书在版编目(CIP)数据

寒地水稻氮素营养诊断方法研究与应用 / 宋丽娟著.
哈尔滨：哈尔滨工程大学出版社，2025. 3. -- ISBN
978-7-5661-4717-2

Ⅰ. S511

中国国家版本馆 CIP 数据核字第 2025NU7055 号

寒地水稻氮素营养诊断方法研究与应用
HANDI SHUIDAO DANSU YINGYANG ZHENDUAN FANGFA YANJIU YU YINGYONG

选题策划	田　婧
责任编辑	马佳佳
封面设计	李海波

出版发行	哈尔滨工程大学出版社
社　　址	哈尔滨市南岗区南通大街 145 号
邮政编码	150001
发行电话	0451-82519328
传　　真	0451-82519699
经　　销	新华书店
印　　刷	哈尔滨午阳印刷有限公司
开　　本	787 mm×1 092 mm　1/16
印　　张	9.25
字　　数	158 千字
版　　次	2025 年 3 月第 1 版
印　　次	2025 年 3 月第 1 次印刷
书　　号	ISBN 978-7-5661-4717-2
定　　价	49.80 元

http://www.hrbeupress.com
E-mail:heupress@hrbeu.edu.cn

前　言

　　氮素,作为自然界中植物生长和物质循环的关键元素,对于生态系统的健康和生产力具有不可替代的作用。在农业领域,尤其是在水稻种植过程中,氮肥的合理施用是实现作物高产、优质的关键因素。然而,氮肥的施用并非简单的量多或量少问题,它涉及作物生长、环境影响以及经济效益等多个层面。在稻田生态系统中,氮肥的合理供应能够显著提升植物的叶面积、叶绿素含量和光合作用效率,进而增加作物的产量。氮肥施用不足会导致作物生长受限,产量下降;而氮肥施用过量不仅会增加农民的生产成本,还可能导致水稻贪青晚熟,甚至倒伏、病害增加,以及水稻品质的下降。更为严重的是,过量的氮肥会通过地表径流和地下渗透造成硝酸盐污染,对地表水和地下水环境造成长期影响。

　　黑龙江省是我国重要的粮食生产基地、全国粳稻主产区,但本书著者通过实地调研发现,黑龙江省缺乏有效的当季氮素状况诊断工具,农民往往凭经验施用氮肥,造成过量施肥,氮肥的利用率降低。因此,建立一套有效的寒地水稻氮素状况诊断方法,对于指导农民科学施肥、提高氮肥利用率、减少环境污染、保障粮食安全具有重要的现实意义。

　　基于上述研究背景,本书旨在系统地介绍寒地水稻氮素营养诊断的研究成果,包括国内外研究现状、黑龙江省水稻生产现状、寒地水稻氮素营养诊断方法等多个方面。书中不仅详细阐述了水稻临界氮浓度稀释模型、氮素营养指数以及氮素无损诊断的研究进展,还深入探讨了"叶片-冠层-区域"等不同尺度的寒地水稻氮素营养诊断方法,构建和验证了基于 SPAD 和机载多光谱的水稻氮素营养指数估算模型,以及基于卫星遥感影像的氮素状态诊断模型,为寒地水稻氮素管理提供了科学依据和技术支持。

　　本书的内容对于农业科研人员和农业技术推广人员具有重要的参考价值,对于农业政策制定者和农业生产者也具有一定的指导意义。本书的研究成果能够指导读者更精确地进行氮素管理,提高水稻产量和品质,减少环境污染,实现农业的可持续发展。

　　本书是著者在多年从事该领域教学、科研工作的基础上,在"黑龙江省省属科研院所科研业务费项目:'星空地'一体化寒地水稻氮素营养诊断与调控(CZKYF2021-2-B010)""黑龙江省博士后资助项目:寒地水稻氮营养指数遥感模型的构建与应用研究(LBH-Z21078)""黑龙江省经济社会发展重点研究课题:黑龙江省农业数字化分析决策辅助体系建设研究"等多个项目的支持下,参阅了国内外大量的相关论著、专业刊物后完成的。在此,要感谢项目执行期间参与相关研究工作的同事和学生们,他们的辛勤工作和智慧贡献是本书得以完成的基础。同时,也要感谢黑龙江科技大学、黑龙江省农业科学院等机构对本书研究项目的支持和资助。

　　希望本书能够为寒地水稻氮素营养管理提供新的视角和方法,为全球粮食安全和农业可持续发展做出贡献。同时,也期待读者能够通过本书获得有价值的信息和启发,共同推动农业科技的进步和创新。本书在理论、技术和应用方面还存在不足之处,且寒地水稻氮素营养管理的研究也在不断完善和发展,书中出现谬误在所难免,望广大读者不吝赐教。

著　者

2025 年 2 月

目　　录

第1章 概 论

1.1 氮素营养诊断研究的意义和必要性

水稻是世界三大主要粮食作物之一，其栽培面积和产量位列粮食作物第二位，世界上有近一半的人口以水稻为食。在世界范围内，亚洲、非洲和拉丁美洲的水稻栽培面积占世界水稻栽培面积的 98%（姚国新 等，2003；董钻 等，2018），其中亚洲更是贡献了全球 90% 的水稻产量。中国是栽培水稻的起源国，也是全球生产稻米最多的国家。水稻作为中国的主要粮食作物之一，有着分布地域广、栽培面积大的特点。如何利用现代化的科技手段实现水稻的高产、稳产，保障粮食安全成为学者们研究的热点。

氮是影响水稻产量的重要营养元素之一（Cassman et al.，1998）。合理施用氮肥并对其进行检测，提高氮肥利用率，可以提高水稻产量，并减少肥料对环境产生的负效应。随着科技的发展，现代化的氮素营养检测手段越来越多，选择一种高效、无损、准确的氮素营养检测方法，指导水稻的科学合理施肥，对于农业发展具有重要战略意义。

1.2 氮素营养诊断国内外研究现状

1.2.1 水稻临界氮浓度稀释模型的研究进展

Ulrich 在 1952 年最先提出了临界氮浓度的概念，即作物达到最大干物质重所需要的最小氮浓度，其运用植株干物质重和植株氮浓度建立了幂函数的临界氮浓度稀释模型，即 $N = aW^{-b}$，N 代表植株氮浓度（%），W 代表植株干物质重（$t \cdot hm^{-2}$），a 代表植株干物质重为 $1\ t \cdot hm^{-2}$ 时的植株氮浓度，b 代表稀释系数（一般情况下 $b < 1$，表示临界氮浓度随植株干物质重增加而降低的关系）。

❖ Greenwood 等(1990)在植株生长不受氮素影响的试验条件下，利用马铃薯、豆类、卷心菜、油菜、玉米、高粱等作物的植株干物质重和植株氮浓度分别构建了 C_3 和 C_4 植物的临界氮浓度稀释曲线，试验研究结果表明，C_3 植物的临界氮浓度稀释曲线是 $N = 5.7W^{-0.5}$，C_4 植物的临界氮浓度稀释曲线是 $N = 4.1W^{-0.5}$。Lemaire 等(1997a)在前人大量研究的基础上，设置了氮素制约的施肥水平，重新构建了 C_3 和 C_4 植物的临界氮浓度稀释曲线，利用多个试验的平均值对 1990 年 Greenwood 等建立的临界氮浓度稀释模型进行了修正，重新得到 C_3 植物的临界氮浓度稀释曲线 $N = 4.8W^{-0.34}$ 和 C_4 植物的临界氮浓度稀释曲线 $N = 3.6W^{-0.34}$。

近年来，人们对作物生长情况和作物氮素营养状况的相关研究不断深入，一些学者发现，随着植株的生长发育，即使在足够施氮的水平下，植株体内的氮素含量仍然逐渐降低，并且这种变化的趋势与植株的基因型有很大的关系，具体表现在生长环境相同的不同作物品种或基因型不同的植株，其体内的氮含量存在差异，或者表现为相同基因型或者同一品种在不同的环境下植株体内氮含量也存在差异(Caloin et al., 1984; Justes et al., 1994; Lemaire et al., 1997b; Lemaire et al., 2007; Ata-Ul-Karim et al., 2013)。在发现这种现象以后，相关学者(Lemaire et al., 1984; Justes et al., 1994; Colnenne et al., 1998; Xue et al., 2008; Giletto et al., 2012; 李正鹏 等, 2015)在牧草、冬小麦、玉米、水稻、油菜、棉花等不同作物上开展了深入的研究。Justes 等(1994)最先构建了单一作物(小麦)的植株临界氮浓度稀释曲线 $N = 5.35W^{-0.44}$，但在我国华北平原种植的冬小麦临界氮浓度稀释曲线与 Justes 等(1994)所构建的冬小麦经典临界氮浓度稀释曲线存在很大差异。学者们同时推断植株氮浓度在其临界氮浓度稀释曲线模型之下植株的生长会受到限制，而植株氮浓度在其临界氮浓度稀释曲线模型之上的植株生长不会受到限制，他们认为这种现象可能是过量施肥造成的，只有植株体内氮浓度处于临界状态的时候才是最佳的施肥水平。

学者们研究发现，不同作物在不同环境条件下模型的参数(a、b)存在差异，不同作物的临界氮浓度稀释曲线不同，模型中小麦、水稻、玉米的 a 值范围分别是 3.76~4.82、2.77~3.69、2.25~3.56；b 值范围分别是 0.38~0.49、0.26~0.44、0.25~0.43(Li et al., 2012; Yue et al., 2012; Ata-Ul-Karim et al., 2013; 梁效贵 等, 2013; 赵犇 等, 2013; Yue et al., 2014; 杨雪, 2015; 李正鹏 等, 2015; 银敏华 等, 2016; Wang et al., 2016; 岳松华 等, 2016; 张华 等,

2016；He et al.，2017；张娟娟 等，2017；王晓玲，2017；Yin et al.，2018；Yue et al.，2018；Huang et al.，2018；Liang et al.，2018；吕茹洁 等，2018；安志超 等，2019）。模型中玉米和水稻的 b 值相差很小，但小麦相对较高。说明试验年份、试验地点、试验品种均能影响模型中 a、b 的值。a 值主要与作物籽粒蛋白质含量和作物生长周期有关，尤其是受拔节后的生长时间影响（赵犇，2012；Yao et al.，2014b），研究结果显示，同一作物在不同区域种植，a 值也存在较大的差异，说明环境因素和栽培管理措施也对其有一定的影响。b 值因受气候、土壤等环境因素和品种因素的影响，其大小众学者观点不一，因此模型中 a 值和 b 值的影响因素仍然需要综合考虑各方面因素后，再进一步深入研究。

　　水稻生育前期，由于植株相互独立互不遮阴，其植株间不存在对光照的竞争，加之随着植株生物量的上升，氮浓度下降并不明显，因此水稻生育早期氮浓度是比较稳定的，可作为一个常量（Lemaire et al.，1997a）。与植株干物质重类似，叶面积指数、植被指数等与氮素吸收相关的指标也随着施氮量的增加而增加，而在高氮处理水平下叶面积指数不会显著增加，存在氮素被稀释的现象。相关学者在玉米（Plenet et al.，1997）、小麦（Grindlay，1997）等作物上进行了试验，发现叶面积指数与植株地上部氮积累量存在显著的正相关关系，但是众多学者研究得到的结论不统一，比如 Lemaire 等（2007）认为基于叶面积指数与植株氮积累之间的关系没有基于植株干物质重与植株氮积累之间的关系稳定，而 Ata-Ul-Karim 等（2014a）在水稻上的试验结论与 Lemaire 等（2007）不同……但是前人的研究结果都表明在作物营养生长阶段，叶面积指数和植株干物质重之间存在较好的异速生长关系（Lemaire et al.，2008）。

　　学者们在氮素营养诊断中发现，虽然依据植株干物质重和植株氮浓度构建的临界氮浓度稀释曲线可以很好地进行氮素诊断，但是植株干物质重和植株氮浓度数据的获取需要破坏性取样，不能快速、无损地得到试验结果，而伴随着叶面积仪和遥感（remote sensing，RS）等技术在农业上的广泛应用，叶面积指数和植被指数的获取更加容易。赵犇（2013）和王晓玲（2017）在小麦上构建了植株叶面积指数和植株氮浓度的稀释曲线，得到的结果略差于基于植株干物质重构建的稀释曲线，只能用于抽穗前进行氮素营养诊断。在此基础上，Wang 等（2017）进行了细化，用小麦叶面积生长度日构建了新的稀释曲线，并可以在整个生育期都能进行氮素营养诊断（Zhao et al.，2014）。依据叶面积指数、植被指数与植株氮浓度构建的稀释曲线模型中，a、b 值仍受品种、基因型、环境等因素的影响（曹卫星，2006；陆震洲，2015）。

我国水稻种植区域广，呈现南籼北粳的布局。在籼稻、粳稻、早稻、晚稻、杂交稻、常规稻、超级稻和香型水稻之间，基因型存在着显著的差异，同时南北方气候、土壤、栽培方式、施肥水平等也存在显著差异。从研究结果看，北方寒地水稻（Huang et al.，2018）临界氮浓度稀释曲线中的 a 值明显小于南方双季稻和长江中下游单季稻（Yue et al.，2012；Ata-Ul-Karim et al.，2013；Yue et al.，2014；Wang et al.，2016；He et al. 2017；吕茹洁 等，2018）。综上所述，只有在不同区域、不同作物构建各自的临界氮浓度稀释曲线，才能更好地判断诊断效果。

1.2.2　水稻氮营养指数的研究进展

随着临界氮浓度稀释曲线研究的不断深入与发展，为了更精确地反映植株体内氮素含量是否适宜，Lemaire（1997b）等在 1997 年出版了《作物氮素营养诊断》论著，根据植株临界氮浓度稀释曲线的规律，确定了氮营养指数（nitrogen nutrient index，NNI），NNI 是实际氮浓度与临界氮浓度的比值，当 NNI = 1 时，作物处于氮素适应状态，当 NNI>1 时，作物处于氮素过量状态，当 NNI<1 时，作物处于氮素亏缺状态，NNI 是诊断植株体内氮素状况的指标之一，相关学者在高羊茅（Kito et al.，1992）、马铃薯（Belanger et al.，2001）、甘蔗（Oliveira et al.，2013）、油菜（Gabrielle et al.，1998）、水稻（Balasubramanian et al.，1998；张福锁 等，2005）、草类（Meynard et al.，1997）等多种农作物上进行了广泛的应用。也有相关学者在小麦、水稻（王晓玲，2017；Ata-Ul-Karim et al.，2017b）等作物中比较了基于不同器官建立的临界氮浓度稀释曲线下氮营养指数的变化，研究结果表明，基于不同器官建立的临界氮浓度稀释曲线得到的氮营养指数变化趋势一致。

氮营养指数主要应用在以下几方面。

一是利用氮营养指数来诊断作物体内氮素状况。研究结果表明，作物缺氮时氮营养指数基本都小于 1，氮过量时氮营养指数基本都大于 1（Yue et al.，2014；张娟娟 等，2017）。在实际生产中，氮营养指数刚好等于 1 的情况几乎不存在，一些学者（Cilia et al.，2014；Xia et al.，2016）将作物氮营养指数划分阈值范围来确定作物氮素状况。

二是利用氮营养指数推荐氮肥施用量。一些学者将氮营养指数最接近 1 的施氮处理作为推荐氮肥施用量，比如豫中地区小麦(岳松华 等，2016)推荐氮肥施用量为 180 kg·hm^{-2} 左右；长江中下游平原小麦(Yao et al.，2014b)推荐氮肥施用量为 150~225 kg·hm^{-2}；江西省宜春市上高县杂交水稻(吕洁茹 等，2018)推荐氮肥施用量为 200 kg·hm^{-2}，常规水稻推荐氮肥施用量为 160~200 kg·hm^{-2}；东北地区春玉米(卢宪菊 等，2019)推荐氮肥施用量为 180~240 kg·hm^{-2}。另一些学者通过建立氮营养指数差值与施氮量差值之间的定量关系(Ata-Ul-Karim et al.，2013；Chen et al.，2014)，来指导田间施肥，弥补氮素不足的问题。

三是利用氮营养指数估测籽粒产量与品质。相关研究表明，大多数作物当氮营养指数接近 1 时，相对产量接近最大值，即产量最高，此后随着氮营养指数的增大，相对产量不再变化，表现出线性加平台的关系(杨雪，2015；Ata-Ul-Karim et al.，2017a；马晓晶 等，2017；Huang et al.，2018)。2016 年 Ata-Ul-Karim 等(2016)利用氮营养指数在穗分化—孕穗期预测籼稻和粳稻的相对产量效果最佳，2017 年 Ata-Ul-Karim 等(2017c)发现氮营养指数与直链淀粉和蛋白质含量呈正相关关系，并且在穗分化、拔节期和抽穗期存在极强的线性关系。

四是利用氮营养指数校正产量差。氮营养指数可以作为产量基准的参照标准来校正产量差距(Hoogmoed et al.，2018)，即判断在具体生育时期的氮营养指数值是否满足正常产量下该生育时期的氮营养指数值，进而找出造成差异的原因，并采取相应的栽培管理措施进行优化。

五是利用氮营养指数与构建空天地一体化之间的关系进行区域尺度的作物长势监测(Huang et al.，2015)。

六是将氮营养指数的概念运用到作物生长模型中模拟作物氮素状况，涉及的主要模型包括 CERES 系列模型(Colnenne et al.，1998；Ata-Ul-Karim，2012)、RiceGrow 模型(Gabrielle et al.，1998)、CropSyst 模型(Ziadi et al.，2008)、STICE 模型(Devienne et al.，2000)等。

1.2.3 水稻氮素诊断的研究进展

氮素营养诊断方法可分为外观诊断法、化学诊断法和无损诊断技术。

1. 外观诊断法

外观诊断包括植株叶色诊断，长势诊断和症状诊断等三个方面。300 多年前"沈氏农书"中就有对水稻进行叶色诊断从而追施孕穗肥的记载（罗元利，2014），植株体内氮素营养缺乏或者过剩，植物叶片颜色会发生变化。随着学者们深入的研究，陈永康先生提出了运用肥水管理措施实现水稻叶色"三黑三黄"交替变化（第一次黑黄变化发生在分蘖期，第二次黑黄变化发生在拔节至幼穗分化前，第三次黑黄变化发生在穗发育期），从而达到足穗、壮秆、穗大、粒饱、高产的目的（陈温福，2010）。而氮素在植株体内缺少或者过剩时，也可通过植株所表现出来的不同状态以及生长形态来进行判断。不同的营养元素在植株上所表现出的性状是不一样的，外观诊断通常只适用于植株缺乏一种营养元素的情况。随着农作物品种的频繁更新换代以及人们在颜色上的视觉差异，外观诊断就显得不那么精确，从而使其在生产应用中受到极大的限制。

2. 化学诊断法

化学诊断法通过测定植株体内的含氮量并与不同植株标本进行对比，进而做出植株氮素丰缺判断（郭建华 等，2008）。利用作物化学诊断法，可通过检测植株体内的氮素营养含量来判断植株体内营养成分的丰缺，进而指导田间氮肥的施用，使作物产量达到最高，获得更大的经济效益。根据氮素在作物体内存在的不同形态，氮素营养化学诊断可分为植株全氮诊断、硝酸盐快速诊断和氨基态氮诊断。植株的全氮含量可以很好地反映植株的氮素营养状况，因为植株的全氮含量与作物产量具有一定的相关性，通过植株的全氮含量可以反映出作物产量的高低，但由于植株的全氮诊断方法需要对植株进行破坏性取样，工作烦琐，很难在生产过程中进行推广。硝酸盐快速诊断和氨基态氮诊断同样也存在上述问题（罗元利，2014）。

3. 无损诊断技术

无损诊断技术，即在不破坏植株组织结构的基础上，利用科学的手段和方法对植株的生长、营养状况进行检测（贾良良 等，2001）。随着产业的发展和科技的进步，无损诊断技术正朝着精准定量化和科技智能化的方向发展，由手工测试转向智能化测试，由单植株检测转向群体检测，由过去的室内检测发展到现在的室外群体检测，并进一步应用于农业生产中（罗元利，2014）。无损诊断技术包括叶绿素仪①诊断、光谱遥感技术、图像识别及机器视觉诊断（王远，2015；祝锦霞 等，2010；俞敏祎 等，2019；藏英 等，2019）等。利用无损诊断技术进行氮素营养诊断可以很好地监测作物氮素营养状况，从而指导生产者合理施用氮肥，以提高氮肥利用率，达到降本增效的目的。

（1）叶绿素仪诊断法

植株叶绿素含量与植株氮素营养的利用情况呈一定的相关性（Evans et al.，1984）。叶绿素含量的高低可以作为植株氮素丰缺情况的诊断指标。20 世纪 80 年代末，日本研发推出了手持式叶绿素仪——SPAD-501 型和 SPAD-502 型。叶绿素仪具有操作简单方便、快速获取数据、对环境和植株无副作用等优点，可在田间对作物无损伤的条件下测量植株的叶绿素含量，进而判断植株的氮素营养状况。叶绿素仪采用双波长 LED 光源，分别照射植物叶片表面，通过光电信号转换，比较通过叶片的透射光的光密度差异而得出 SPAD 值。SPAD 值只能相对地反映植物叶片叶绿素的含量，而不是真实值（李桂娟 等，2008）。利用叶绿素仪在田间通过测试植物的叶片对作物氮营养状况进行诊断，目前已经在棉花、水稻、小麦、玉米和大麦等多种作物上得到了应用和推广（Blacknler et al.，1994；吴良欢 等，1999；Rozbicki et al.，2001；李志宏 等，2003；Argenta et al.，2004；赵满兴 等，2005；朱新开 等，2005；李志宏 等，2005）。

在使用叶绿素仪指导精准施肥方面，国内外学者开展了大量的研究工作，研究初期，大多数学者主要探讨顶 1 叶 SPAD 值与植株含氮量之间的相关关系（Balasubramanian et al.，2000），随后学者们研究发现，植株叶绿素含量不仅与作物品种（吴良欢 等，1999；金军 等，2003；贺帆，2006）、生育时期（Peng et al.，1993）、叶片测试位点（贾良良 等，2001）和生长环境因素（Kundu et al.，

---

① 叶绿素仪（计）是日本农林水产省农产园艺局的"土壤、作物分析仪器开发"（Soil and Plant Analyzer Development）的缩写。其测量原理如下：叶绿素吸收峰是蓝光和红光区域，在绿光区域是吸收低谷，并且在近红外区域几乎没有吸收。基于此，选择红光区域和近红外区域测量叶绿素。具体过程是由发光二极管发射红光（峰值波长 650 nm）和近红外光（峰值波长 940 nm）。叶绿素吸收波长为 650 nm 的红光。但并不吸收波长为 940 nm 的红外光，红外光的发射和接收主要是为了消除叶片厚度等方面对测量结果的影响。红光到达叶片后，一部分被叶片的叶绿素所吸收，少量被反射后，剩下的透过叶片被接收器转换成为相应的电信号，然后通过 A/D 转换器转换为数字信号，微处理器利用这些数字信号计算叶绿素的相对含量，表示为 SPAD 值，显示并存储。

1995；陈防 等，1996；Balasubramanian et al.，1998；Hel et al.，1998；钟旭华 等，2006；陈晓群 等，2010）有关，还与作物叶片形态因子（长、宽、厚等）（Peng et al.，1996；吕川根 等，2005）和氮素在植株体内的运转方式有关，因此又开展了不同叶位以及归一化 SPAD 指数与植株含氮量之间的相关关系研究。研究结果表明，下位叶 SPAD 值更能反映植株体内的氮素含量（沈掌泉 等，2002；Zhou et al.，2003），尤其是水稻顶 3 叶（江立庚 等，2004；李刚华 等，2005；李刚华 等，2007；张耀鸿 等，2008；陈晓阳 等，2013）或水稻顶 4 叶（王绍华 等，2002；姜继萍 等，2012；何俊俊 等，2014）是诊断水稻氮素营养状况的指示叶。距离水稻叶片基部二分之一处（贾良良 等，2001；郭晓艺 等，2010）或三分之二处（李刚华 等，2005；Tarkalson et al.，2008；Esfahani et al.，2008；郭晓艺 等，2010；Lin et al.，2010；袁召锋，2016）是叶绿素仪测试的最佳位点。

在氮素诊断过程中，可以通过设置 SPAD 临界值或阈值范围来建立作物氮素诊断标准，用实测的 SPAD 值与通过实验得到的临界值或阈值范围进行比较，进行实时实地的作物氮肥管理。Peng 等（1996）将"37"作为 SPAD 临界值来诊断氮素状况，彭少兵等（2002）将"35"作为 SPAD 临界值来诊断大部分热带籼稻；赵天成等（2008）认为宁夏吴忠市的 913 水稻品种 SPAD 阈值范围第一次追肥时期为"44～45"，第二次追肥时期为"46～47"，穗分化后为"41～43"；陈晓群等（2010）认为宁夏灌区水稻 SPAD 阈值范围在分蘖拔节期为"32～35"，在拔节孕穗前期为"35～40"，孕穗后期为"40～45"。前人研究结果表明，不同区域和不同品种 SPAD 阈值范围不同，难以在不同区域推广应用。

沈掌泉等（2002）利用水稻上位叶与下位叶的 SPAD 比值和差值同施氮水平建立了关系，来诊断水稻是否缺氮并指导施肥。何俊俊等（2014）认为在正常光照无遮阴的情况下顶 3 叶和顶 2 叶的差值与施氮水平呈线性相关；阴天或有林木遮光的情况下顶 4 叶和顶 3 叶的差值与施氮水平呈线性相关，可以指示整个生育时期植株氮素状况。前人研究表明，在氮素诊断过程中通过建立 SPAD 指数进行氮素诊断，比如用 SPADL4×L3/mean（李杰，2017）、SPADL4-L3（姜继萍 等，2012；江立庚 等，2004）、SPADL1-L3（DSI）（Lin et al.，2010）、SPADL1-L3/SPADL1+L3（NDSI）（Lin et al.，2010）、SPADL1-L3/SPADL3（RDSI）（Lin et al.，2010；Tian et al.，2011）、SPADL1/SPADL3（RSI）（Lin et al.，2010）、顶 4 叶归一化 SPAD 指数(NSI4)(袁召锋，2016)等 SPAD 指数指标在不同区域、不同品种、不同生育时期情况下进行氮素营养诊断，可以克服光照强度等因素的影响，进而进行实时诊断，达到的效果更佳。

(2)光谱遥感技术

光谱遥感技术是利用植物叶片及冠层的光谱特性，通过检测冠层或叶片的光学反射来了解植物的营养状况。同传统的作物营养诊断手段相比，光谱遥感技术具有大面积、无破坏、快速准确的优点，现已成为农业生产应用中作物营养诊断的研究热点，并在精准农业中指导氮肥施用方面发挥着重要的作用。植物缺肥或过剩会引起植株叶片发黄或贪青、叶片厚度、叶片水分含量及其形态结构等发生变化，影响叶片对光的吸收，从而引起光谱反射特征的变化。光反射的主要物质是叶绿素、蛋白质、水分和含碳化合物，其中叶绿素含量与植物的氮素含量具有密切的相关性，叶绿素含量可以间接地表达植株的氮素含量(郭建华 等，2008)。光谱遥感技术可以通过分析作物叶片及其冠层的光谱特征进而得出作物氮素养分含量，为作物氮素营养诊断和合理施肥提供依据。

目前，光谱遥感技术已经在水稻、玉米、大豆、小麦等多种作物中进行应用(Thomas et al.，1977；Tumbo et al.，2002；薛利红 等，2003；唐延林 等，2003；Jia et al.，2004；刘宏斌 等，2004；Miao et al.，2009)。Maderia 等(2000)认为，叶片叶绿素含量与其光谱特征之间存在正相关关系。Thomas 和 Gausman(1977)针对大豆的大面积种植，采用遥感航空成像的技术分析大豆的氮素营养状况，研究结果表明大豆冠层的成像特征与植株含氮量存在一定相关性。Tumbo 等(2002)认为引起光谱特征差异的主要因素是叶绿素，在玉米 V6 生长阶段，植株的叶绿素水平直接反映了植株的含氮量，可以依此建立模型。国内学者在利用光谱分析手段研究植物氮素营养诊断方面虽然起步较晚，但近年来也做了大量深入的研究。薛利红等(2003)研究了不同施氮水平的水稻叶片及其冠层光谱反射特征与植株叶片含氮量等参数的关系，研究结果表明，水稻冠层光谱反射率与叶片含氮量呈显著相关。因此可以通过光谱特征来监测植株的氮素营养状况。

(3)遥感平台在农业上的应用进展

遥感平台主要包括地面遥感、卫星遥感和无人机遥感，随着遥感技术的迅猛发展，遥感技术在农业上的应用也越来越广泛。地面遥感主要使用波段多且光谱分辨率高的地物光谱仪（Grohs et al.，2009）对农作物长势和生理指标进行监测，构建植被指数与农学参数的监测模型，研究结果为卫星遥感和无人机遥感在农作物上的应用奠定了理论基础。随着卫星影像分辨率的提高，卫星遥感可以提取农作物种植面积、估测生物量和产量、监测作物叶面积指数、叶绿素含量、SPAD 值、植株冠层叶片含氮量、氮营养指数、植株氮累积等生长指标（李卫国 等，2009；李卫国 等，2010；Huang et al.，2013；姚霞等，2013；李军玲 等，2013；王治梅 等，2013；庄东英 等，2013；黄敬峰 等，2013；武婕 等，2014）。卫星遥感广泛使用的遥感卫星主要包括 TM、Sentinel、SPOT、QuickBird、ASTER、RapidEye、Formosat－2、MODIS、GF、HJ 等（Eitel et al.，2007；Yang et al.，2008；Huang et al.，2015；查海涅，2016；李粉玲 等，2016）。

卫星遥感受天气和地理环境的影响，影像数据获取困难并且作业成本高，地面遥感因其监测费时费力和作业效率低等缺点无法大面积进行遥感监测，因此无人机遥感作为二者的互补应运而生，其具有快速、高效、低成本、操作简单等优点，在病虫草害防治、作物生长状态监测、作物面积提取与估产、无人机施肥决策等方面被大面积应用（王震 等，2018；裴信彪 等，2018；田明璐 等，2018；周瑞玲 等，2019；邵国民 等，2019；孙梅梅 等，2019；臧英 等，2019；吴方明 等2019；詹国祥 等，2020），特别是在中小型家庭农场、合作社等范围内具有良好的发展前景。无人机选用的类型主要包括旋翼无人机和固定翼无人机（王宇恒，2019），目前因 4 旋翼和 8 旋翼无人机操作方便，具有控制飞行高度、固定飞行航线、悬停拍照等优点而被大多研究者使用（Corcoles et al.，2013；Torres et al.，2014）。

无人机搭载多光谱的低空遥感在玉米、水稻、小麦等主要农作物中进行遥感监测应用（刘昌华 等，2018；刘昌华 等，2016；Zha et al.，2020）。张浩等（2008）利用多光谱影像中的绿、红、近红外三个波段对水稻叶片含氮量和籽粒氮素含量构建模型，研究表明，绿光波段、近红外波段和归一化植被指数（normalized difference vegetation index，NDVI）与叶片和籽粒含氮量具有显著的相关性。赵越（2017）在黑龙江省水稻主产区选用龙稻 20170 和龙稻 21，利用冠层高光谱数据与叶片含氮量构建了氮素营养诊断模型。张雨（2017）利用无人机搭载红光波段、绿光波段、近红外波段的多光谱相机进行水稻氮素营养诊断，结果表明，绿光归一化植被指数(green normalized difference vegetation index, GNDVI)与水稻冠层 SPAD 值和叶片含氮量具有显著的相关性，利用 GNDVI 可以反演水稻氮素生理参数，对水稻的氮素状况进行监测。裴信彪等(2018)在吉林省公主岭市利用无人机搭载多光谱仪探讨了水稻 4 个施氮水平的光谱指数变化规律，研究表明，光谱指数 RVI 和 NDVI 在水稻生长前期逐渐变大，到抽穗期又逐渐变小，并且生育前期的植被指数高于生育后期的植被指数，利用无人机遥感系统可以获取作物长势信息。杨红云等(2019)在江西省南昌市利用水稻冠层高光谱数据在分蘖期进行氮营养诊断，并建立了氮素营养诊断模型。蒋仁安(2019)在江西省水稻灌区使用高光谱技术监测水稻氮素情况，研究结果表明，波段 1 397 nm 处光谱反射率与叶片含氮量最相关，R-M 植被指数与叶片含氮量相关性最高，波段 1 464 nm 处光谱反射率与叶片 SPAD 值最相关，归一化植被指数 NDVI 与叶片 SPAD 值相关性最高。武旭梅等(2019)在西北引黄灌区利用冠层一阶导数高光谱数据与水稻 SPAD 值在抽穗期、乳熟期、蜡熟期建立相关关系，监测氮素营养状况，研究结果表明，植被指数 RVI 与叶片 SPAD 值最相关。闫昱光(2019)在黑龙江省水稻主产区利用多光谱影像进行水稻估产模型研究。

前人研究结果表明，在不同作物、不同地区间选用何种光谱波段和建立的何种光谱指数能更有效、更可靠地监测作物氮素营养仍存在争论，在实际生产应用中我们要根据自身的实际情况来选择适宜的植被指数进行氮素营养诊断。

1.2.4　机器学习在农业上的应用研究进展

1. 机器学习技术概述

随着人口的增加，人们对农业生产力的需求正在呈上升趋势，为达到"零饥饿"的目标，人们利用现代技术以可持续的方式来优化农业生产活动，进而促进农业生产，提高农业新质生产力水平。机器学习、大数据、深度学习、群智能、物联网、区块链、机器人和自主系统、云雾边缘计算、信息物理系统和生成对抗网络等技术是支撑智慧农业蓬勃发展的十大技术手段，在农业领域的应用也越来越广泛且深入。机器学习(machine learning, ML)算法使用现代计算能力直接从数据中"学习"，而不被任何预先确定的模型明确编程，能够使用来自多个来源的数据集，自主解决大型非线性问题，例如高斯过程(gaussian process,

GPs)和印度自助餐过程(indian buffet process，IBP)，并且可以在对来自不同传感器的信息和预测的置信区间进行概率融合的同时考虑传感器的噪声，在没有人为干预的情况下，机器学习技术能够在现实世界的场景中实现更好的支配和知情行动。机器学习技术提供的强大框架，不仅用于数据驱动的决策，还可以将专家知识纳入系统中。正因为机器学习的诸多优势使它在许多领域的应用都很广泛，并且高度地适用于精准农业。

广义上，机器学习分为四种类型，分别是监督学习、无监督学习、半监督学习和强化学习。

(1)在监督学习中，使用标记数据来映射输入和输出变量从而训练模型。监督学习可以解决回归和分类问题。目前用于分类的算法主要有支持向量机、决策树、朴素贝叶斯、神经网络、逻辑回归和随机森林；用于回归的算法主要有梯度增强、随机森林、决策树和线性回归。

(2)在无监督学习中，数据点通常是未标记和未分类的。目的是在没有人为干预的情况下发现隐藏的模式。无监督算法在异常检测、聚类、降维和关联方面应用广泛。主要的无监督算法有k-均值、高斯混合和分层聚类等，使用标记和未标记数据训练半监督机器学习模型。

(3)半监督学习算法在数据复杂且难以理解的情况下使用。为了处理未标记的数据，需要建立不同的数据分布关系。通常需要考虑几个假设，比如连续性、聚类和流形。

(4)强化学习是通过对智能体学习策略的试打法来处理学习环境中的智能体，通常用于预测输出。常见的两个模型包括马尔可夫决策过程和Q学习。到目前为止，它涉及各种游戏技术并遵循电子游戏策略，例如利用过去的反馈来改进下一款游戏。

传统算法和机器学习之间的区别有时是模糊的，但也有某些特征可以对二者进行区分。与传统算法相比，机器学习中涉及更多的输入变量(特性)，更关注利用特征的组合来提高模型的预测能力。特别是当许多特征被用于构建机器学习模型时，生成模型的数据可能存在过拟合或过度专门化问题，机器学习方法通常使用交叉验证等技术来解决这个问题。

2. 机器学习在农田管理上的应用

农业生产需要准确的预测模型来确定作物的田间管理措施和管理时间，机器学习对智慧农业做出了重大的贡献,已被广泛应用于智慧农业过程的自动化和模型优化处理,如作物估产、精准氮管理、减少食物浪费、适应气候变化、水资源管理、疾病自动检测和杀虫剂的使用等。准确的产量估计和优化的氮素管理在农田管理中至关重要。遥感(remote sensing image,RS)技术正被更广泛地用于建立当代农业系统的决策支持工具,以提高产量和氮素管理水平,同时还可以降低生产成本并减少过量施肥对环境的影响。基于 RS 的方法需要处理来自不同平台的大量遥感数据,因此,目前人们更关注机器学习方法,主要是由于机器学习方法有能力处理大量的数据以及数据间的非线性关系。

提高作物产量和品质、降低生产成本、减少环境污染是精准农业的关键目标。影响作物潜在产量的因素有很多,如天气情况、土壤特性、地形地貌、灌溉水平和肥料管理等。精准的田间管理需要采集各种生产数据,因此在精准农业中越来越多地采用遥感和近距离传感技术及时准确地获取作物生长数据。这些传感技术主要是通过地面车辆、飞机、卫星和手持辐射计等手段获取田间作物的光谱、空间和时间信息。Lamb 等(2001)利用遥感技术,通过卫星或无人机平台搭载多光谱相机、RGB 相机、热红外相机等及时准确地获取田间杂草分布,从而进行精准的管理;Tilling 等(2007)通过机载热红外图像识别作物水分亏缺的空间变化状态,实现精准灌溉;针对不同的精准农业任务开发了许多地面平台,如土壤特性制图、估算蒸散和干旱胁迫、杂草制图、评估作物水分和氮素状况。

(1)机器学习在作物估产上的应用

机器学习可以帮助人们在大量的数据集中发现规则和模式,由于肥料管理决策中离不开作物目标产量,需将作物产量预测和氮素状况估计放在一起考虑。作物目标产量通常用于计算季节前和季节中的氮需求量。为了制订潜在的特定地点的氮肥管理计划,特别是在季节中,对二者的估计是理想的。估算作物产量对许多作物管理和商业决策都很重要,以最小的成本实现最大的作物产量和健康的生态系统是农业生产的主要目标之一。早期发现和管理限制作物产量因素,有助于提高作物产量和增加种植收益。

近年来,机器学习在作物田间估产上被广泛应用,主流的算法主要包括人工神经网络、支持向量回归、M5P 树状回归演算法和 k-最近邻算法等。Gonzalez-Sanchez 等(2014)运用 10 个作物数据集,系统研究了不同机器学习算法(人工神经网络、支持向量回归、M5P 树状回归演算法、k-最近邻算法)和多元线性回归算法对产量预测的结果，使用均方根误差（rootmean squared error，RMSE）、相对平方根误差（relative root mean square error，RRSE）、平均绝对误差（mean absolute error，MAE）和相关系数（R）等四种指标验证模型的精度。结果表明，M5P 树状回归演算法在所有作物产量模型中误差最低。Kim 等（2016）运用支持向量机（support rector machines，SVM）、随机森林、极度随机树和深度学习等四种机器学习算法估测了艾奥瓦州的玉米产量，结果表明，深度学习可以克服过拟合问题，可提供更稳定的预测结果。Pantazi 等（2016）融合了土壤传感器采集的土壤数据、卫星影像数据、历史产量数据等，使用了自组织映射神经网络算法，比较了逆传播人工神经网络、XY-融合网络和监督 Kohonen 网络（supervised kohonen network，SKN）等算法对小麦产量的预测效果，结果表明，SKN 算法具有最佳的总体性能。Panda 等（2010）利用反向传播神经网络建模，比较分析了归一化植被指数、绿色植被指数、土壤调整植被指数和垂直植被指数对作物产量预测的效果，结果表明，利用反向传播神经网络建模，垂直植被指数对玉米产量的预测效果最好。Stas 等（2016）在河南省冬小麦产量预测中比较了增强回归树（gradient boosting tree，BRT）和支持向量机两种机器学习算法，使用了三种与 NDVI 相关的预测因子（单一 NDVI、增量 NDVI、目标 NDVI），研究结果表明，BRT 算法一致优于 SVM。Heremans 等（2015）利用 SPOT 卫星遥感数据结合气象数据和施肥水平，采用 BRT 和随机森林两种机器学习方法，对中国北方冬小麦产量进行了估测，结果表明，在冬小麦产量季节前预测方面，5 个县中有 4 个县的 BRT 算法要优于随机森林算法。

（2）机器学习在精准氮管理中的应用

氮被种植者认为是植物生长和发育的主要矿物营养元素，在光合作用过程中起着重要作用，对作物的健康和生长发育都很重要。同时，考虑环境和成本投入等因素需要精准地施用氮肥。为此，优化氮管理的问题吸引了众多研究人员的注意，不同作物的氮肥优化管理已成为许多光谱测量研究的热点问题。植物氮素状态的估计分为两种主要类型：破坏性和非破坏性。最常见的破坏性测量方法是化学分析法，通常使用凯氏定氮法，该方法费力、费时、费钱。植物氮素状态的光学遥感估算法是基于可见光-近红外波长（400~900 nm）的冠层反射率的非破坏性的氮素光谱估测方法，这种测量方法可在原地完成，减少了所需的现场样品数量，从而减少了现场样品采集、准备和实验室分析的时间和成本，从光谱数据中得出指示植物氮状态的光谱指数。Cao 等（2015）使用遥感和土壤数据评估了 ACS-470 传感器和 GreenSeeker 传感器估测冬小麦氮素状态的能力，结果表明，ACS-470 传感器可以更好地预测冬小麦的氮状态；Murioz-Huerta 等（2013）对小麦不同氮状态传感方法的优缺点进行了全面综述，主要集中在应用不同的线性和非线性回归方法的选择上，以确定哪种方法、哪个输入变量或哪个模型可以更准确、更稳健、更少时间和更低复杂性地估计冬小麦的叶片氮浓度；Shao 等（2012）使用三种方法（PLSR、ANN、LS-SVM）非破坏性地估计水稻的氮素状态，分析结果表明，最小二乘支持向量机方法最优，是一种很有前景的水稻氮素状态回归分析的替代方法；Elfatih 等（2013）的研究结果表明，随机森林回归可准确地预测甘蔗碱的浓度，从而指导现场具体氮肥的施用。Liu 等（2017）使用多层感知器神经网络模型和高光谱图像数据估算了小麦的叶片氮含量。Zheng 等（2018）利用无人机多光谱图像，对比分析了不同机器学习算法估计的冬小麦叶片氮含量，发现随机森林算法在测试方法中表现最好（$R^2 = 0.79$，RMSE = 0.33）。

1.3 黑龙江省水稻生产现状

水稻是世界三大粮食作物之一，更是我国最主要的粮食作物。黑龙江省是全国优质粳稻主产区，年种植面积基本稳定在 6 000 万亩以上，占全国粳稻总面积的 50%，国人每吃 9 碗米饭就有 1 碗来自黑龙江省，奠定了黑龙江省国家粮食安全"压舱石"的地位。在黑龙江省水稻长期的生产实践中，通常靠经验施氮实现水稻的保产增产，这样不仅增加生产成本，还会造成面源污染、土壤盐渍化等破坏生态环境的问题；此外，黑龙江省还有 1 500 万亩有水资源的盐碱地，对进一步挖掘耕地潜力提供了可能。近年来，互联网、物联网、人工智能（artificial intelligence，AI）、大数据等信息技术有力支撑了传统农业由粗放型向集约化、智能化、精准化方向发展，特别是在利用遥感技术无损诊断农作物氮素营养方面已开展了相关研究。因此，在大数据迅猛发展的时代背景下，如何更好地利用 AI 结合遥感技术对水稻进行氮素营养无损精准诊断、科学定量施氮，对保障国家粮食安全、实现降本增效、绿色生产、生态安全具有重要战略意义。

1.3.1 黑龙江省水稻种植情况

黑龙江省是我国的农业大省和主要商品粮基地，其得天独厚的土壤条件和环境优势孕育出了优质、营养、味美的水稻品种，深受全国人民喜爱。近年来黑龙江省水稻种植面积接近 400 万 hm²，水稻产量接近 3 000 万 t（表 1-1），水稻单产较好年份可达到 7 500 kg/hm² 左右。黑龙江省粳稻产量多年位居全国之首（表 1-2）。

表 1-1　黑龙江省水稻种植情况

年份（年）	面积（万 hm²）	产量（万 t）	单位面积产量（kg/hm²）	年份（年）	面积（万 hm²）	产量（万 t）	单位面积产量（kg/hm²）
1980	21.0	79.6	3 803.0	2002	157.1	921.0	5 861.0
1981	22.4	55.7	2 498.0	2003	129.5	842.8	6 510.0
1982	23.9	70.9	2 970.0	2004	167.5	1 120.0	6 687.0
1983	24.6	91.5	3 713.0	2005	185.0	1 172.5	6 338.0
1984	27.8	124.0	4 478.0	2006	199.2	1 360.0	6 511.0
1985	39.0	162.9	4 185.0	2007	228.8	1 655.1	7 234.0
1986	50.7	220.8	4 343.0	2008	262.9	1 851.4	7 042.0
1987	58.1	225.7	3 893.0	2009	269.5	1 899.6	7 048.0
1988	55.3	243.5	4 410.0	2010	313.9	2 277.5	7 254.0
1989	60.4	231.7	3 825.0	2011	343.7	2 438.4	7 094.0
1990	67.4	314.4	4 658.0	2012	363.1	2 600.6	7 162.0
1991	74.7	316.2	4 230.0	2013	386.1	2 710.8	7 021.0
1992	77.8	376.6	4 838.0	2014	396.8	2 797.2	7 049.0
1993	73.6	388.3	5 279.0	2015	391.8	2 720.9	6 944.0
1994	74.8	410.4	5 485.0	2016	392.5	2 763.6	7 040.0
1995	83.5	469.9	5 626.0	2017	394.9	2 819.3	7 140.0
1996	110.9	636.0	5 739.0	2018	378.3	2 685.5	7 099.0
1997	139.7	860.9	6 163.0	2019	381.3	2 663.5	6 986.0
1998	156.3	925.8	5 909.0	2020	387.2	2 896.2	7 480.0
1999	161.5	944.3	5 851.0	2021	386.7	2 913.7	7 534.0
2000	160.6	1 042.2	6 489.0	2022	360.1	2 718.0	7 047.0
2001	157.7	1 016.3	6 444.0				

资料来源：黑龙江统计年鉴。

表 1-2 2021 年全国各省份水稻种植情况

地区	面积（万 hm²）	产量（万 t）	地区	面积（万 hm²）	产量（万 t）
北京市	0.03	0.2	河北省	227.26	1 883.6
天津市	5.85	54.7	湖南省	397.11	2 683.1
河北省	7.84	49.6	广东省	182.74	1 104.4
山西省	0.26	1.8	广西壮族自治区	175.67	1 017.9
内蒙古自治区	25.51	115.3	海南省	22.66	127.1
辽宁省	52.06	424.6	重庆市	65.89	493.0
吉林省	83.73	684.7	四川省	187.50	1 493.4
黑龙江省	386.47	2 913.7	贵州省	64.52	417.4
上海市	10.38	85.1	云南省	75.38	491.9
江苏省	221.92	1 984.6	西藏自治区	0.08	0.4
浙江省	63.34	469.1	陕西省	10.61	72.9
安徽省	251.22	1 590.4	甘肃省	0.31	1.8
福建省	59.94	393.2	青海省	—	—
江西省	341.92	2 073.9	宁夏回族自治区	5.08	41.0
山东省	11.30	97.5	新疆维吾尔自治区	4.43	41.7
河南省	60.82	476.1			

资料来源：2022 中国统计年鉴。

2021 年黑龙江省近 6 000 万亩水稻种植分布情况见表 1-3，其中，佳木斯市种植面积在 100 万 hm² 以上，占总面积的 26.1%；哈尔滨市、齐齐哈尔市、鸡西市、双鸭山市等 4 地种植面积均超过 40 万 hm²，占总面积的 50.8%；伊春市、七台河市、牡丹江市、黑河市等 4 地种植面积均未超过 10 万 hm²；双鸭山市水稻单产最高达到 7 965 kg/hm²，伊春市水稻单产最低，仅为 5 732 kg/hm²；水稻总产表现为佳木斯市最高，哈尔滨市次之，黑河市最低。

表 1-3 2021 年黑龙江省各地市水稻种植情况

地区	面积（hm²）	产量（t）	单产（kg/hm²）
哈尔滨市	603 391.9	4 000 527.7	6 630.0
齐齐哈尔市	446 810.0	2 978 024.9	6 665.0

表 1-3(续)

地区	面积(hm²)	产量(t)	单产(kg/hm²)
鸡西市	498 673.9	3 803 153.5	7 627.0
鹤岗市	301 367.2	2 174 478.2	7 215.0
双鸭山市	408 692.2	3 255 234.8	7 965.0
大庆市	112 243.2	809 042.2	7 208.0
伊春市	60 258.7	345 395.7	5 732.0
佳木斯市	1 006 497.0	7 554 310.0	7 506.0
七台河市	24 751.3	153 092.5	6 185.0
牡丹江市	50 278.8	329 396.5	6 551.0
黑河市	15 272.1	99 764.9	6 532.0
绥化市	327 071.7	2 520 470.5	7 706.0
大兴安岭地区	0.0	0.0	0.0

资料来源：黑龙江统计年鉴。

1.3.2 黑龙江省水稻种植区划

黑龙江省是农业大省，粮食生产在国民生产中占有很大比例，且水稻种植分布较广。合理规划能够解决农业生产的合理布局问题，有利于因地制宜发展粮食生产，从而保证农业经济的协调发展，为黑龙江省乃至全国的粮食安全提供保障。面对黑龙江广袤的地域分布和复杂的积温变化，可以按地理位置和积温带对黑龙江省水稻种植区域进行划分。

1. 按地理位置划分

黑龙江省水稻生产分布广泛，以黑龙江省统计局、垦区统计局发布的各县市和农场统计资料为基础[部分重点县(市)考虑到乡镇级]，按水稻种植面积占粮食作物面积比例把黑龙江省水稻生产划分为 7 个类型区，分别是三江平原稻区、松花江稻区、嫩江流域稻区、南部山地稻区、松嫩平原缺水稻区、北部稻区和高寒无稻区。各区水稻气候和生产特点不同，生产现状、发展方向和发展潜力也不相同。

2. 按积温带划分①

温度是影响农作物生长发育的重要因素，大多数农作物只有在平均气温稳定在 10 ℃以上才能活跃生长。积温，顾名思义就是温度的累积。积温越高，说明该地热量条件越好、作物成熟速度越快、生长周期越短。

2022 年，黑龙江省气候中心完成了全省近 30 年的积温带划分，农作物品种积温区被划分为温暖、温和、温凉、冷凉、寒冷和高寒 6 类，具体划分标准如下。

(1)第一积温带(2 700 ℃以上)：温暖；

(2)第二积温带(2 500~2 700 ℃)：温和；

(3)第三积温带(2 300~2 500 ℃)：温凉；

(4)第四积温带(2 100~2 300 ℃)：冷凉；

(5)第五积温带(1 900~2 100 ℃)：寒冷；

(6)第六积温带(1 900 ℃)：高寒。

黑龙江省的 6 个积温带对比此前的划分标准均出现北移，最小幅度为 11.1 公里，最大为 55.5 公里。紧随积温带北移的，是种植北界向高纬度地区的扩展。在黑龙江，粮食作物的种植面积均呈现明显增长趋势——大豆种植适宜区或较适宜区明显扩大，黑河地区、松嫩平原西北部、三江平原北部局地大豆种植面积增加 100 万至 700 万亩；玉米种植面积由 2000 年的 2 700 万亩增至 2021 年的 8 800 万亩，松嫩平原西南部及嫩江、萝北、宝清、密山等地玉米种植面积增加 100 万亩以上。

积温带的变化，还为农作物改种创造了客观条件。水稻生长季所需积温高达 2 400 ℃，气温上升，为"旱改水"种植提供了基础条件。黑龙江省气象科学研究所农业专家郭立峰介绍，顺应"积温带、种植带北扩"的变化，省政府近年大力实施"旱改水"工程，即改种大豆为水稻。2000 年黑龙江省水稻种植面积约为 2 400 万亩，2021 年有 5 800 万亩左右，其中三江平原中东部及甘南、泰来、通河、五常水稻种植增加面积在 100 万至 460 万亩之间。

① "新积温带划分后，田间成效初显，"中国气象局，https://www.cma.gov.cn/2011xwzx/2011xqxxw/2011xqxyw/202312/t20231207_5935984.html，访问日期：2024 年 5 月 10 日。

1.3.3 黑龙江省水稻主栽品种及特性

水稻的品种较多，黑龙江省主要以省内自育品种为主，当前自育品种覆盖率已达到90%以上，结束了日本水稻品种空育131占据黑龙江省水稻品种半壁江山的时代。黑龙江省农业农村厅发布了近5年黑龙江省不同积温带水稻推荐品种，目前农业生产上以松粳系列（第一积温带）、龙稻系列（第二积温带）、龙粳系列（第二、三积温带）、绥粳系列（第二积温带）、五优稻系列（第一积温带）、东农系列（第一积温带）、牡丹江系列（第一、二积温带）、垦稻系列（第三、四积温带）水稻品种为主栽品种，并配合"搭配品种"和"苗头品种"的生产格局（表1-4）。

表1-4　近5年水稻主要推荐品种

年份（年）	第一积温带	第二积温带	第三积温带	第四积温带
2024	五优稻4、中科发5、龙稻203、松粳28、松粳29、龙稻18、松粳60、吉源香1、益农稻12	绥粳18、龙绥粳309、齐粳10、绥粳106、龙肯2021、绥粳109、绥稻7、三江6、龙庆稻32	龙粳31、绥粳27、龙粳1624、龙粳57、莲江6612、绥粳103、绥世9、龙粳3013、龙庆稻31	绥粳25、龙粳15、龙粳47、龙粳1655、龙庆稻22
2023	五优稻4（上限）、松粳28、吉源香1、龙稻203、松粳22、松粳60、龙稻18、益农稻12、中科发5（上限）、东富110	齐粳10、绥粳18、绥粳309、绥粳106、三江6、绥粳109、垦稻17113、龙庆稻32、富粳17	龙粳31、绥粳27、龙粳1624、绥粳103、龙粳57（糯稻）、龙粳3013、绥粳306、龙庆稻8、龙庆稻31、龙盾1614、富稻64	绥粳25、龙粳66、富合3、龙粳1665、龙庆稻5、龙粳47
2022	龙稻18、松粳28、松粳22、吉源香1、松粳29、龙稻203、五优稻4（上限）、中科发5（上限）	齐粳10、绥粳28、三江6、盛誉1、龙粳62、绥粳18、绥粳106	龙粳31、绥粳27、龙粳57、龙庆稻8、龙粳1624、龙庆稻31、龙粳3013、珍宝香7	龙粳47、绥粳25、龙粳69、龙粳2401、龙庆稻5、龙粳3033

表 1-4(续)

年份(年)	第一积温带	第二积温带	第三积温带	第四积温带
2021	五优稻 4(上限)、松粳 28、龙稻 18、松粳 29、龙洋 16、龙稻 203、吉源香 1、中科发 5(上限)	齐粳 10、绥粳 28、绥粳 22、三江 6、绥育 117463、绥粳 18、龙粳 62、盛誉 1	绥粳 27、龙庆稻 8、龙粳 65、龙粳 31、莲育 711、龙庆稻 31、珍宝香 7、龙粳 57	龙粳 69、龙粳 47、绥粳 25、龙粳 2401、龙庆稻 5
2020	龙稻 18、五优稻 4、龙洋 16、松粳 22、松粳 16、龙稻 21、松粳 19、松粳 28、吉源香 1	龙庆稻 21、龙粳 21、三江 6、盛誉 1、齐粳 10、绥粳 18、绥粳 16、齐粳 10	龙粳 31、绥粳 27、龙庆稻 3、龙粳 46、绥粳 15、龙粳 29、龙粳 57、龙粳 39、莲育 124	龙庆稻 5、龙粳 47、龙庆稻 20、龙粳 61、龙粳 69

1.3.4　黑龙江省三大作物施肥现状及水稻氮肥利用情况

1. 黑龙江省三大作物施肥现状

根据 2023 年黑龙江统计年鉴数据，2022 年黑龙江省粮食播种面积为 2.28 亿亩，产量达 7 763.1 万 t，其中三大作物(玉米、水稻、大豆)播种面积超过 2 亿亩(图 1-1)。

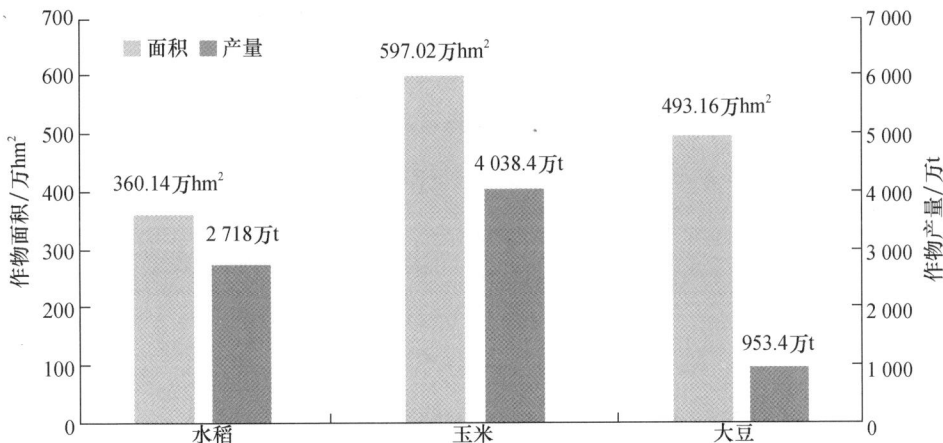

图 1-1　2022 年黑龙江省三大粮食作物面积与产量

全年化肥施用量(折纯量)为 238.4 万 t,其中氮肥用量 76.1 万 t,磷肥用量 47.3 万 t,钾肥用量 32.5 万 t,复合肥用量 82.5 万 t(图 1-2)。

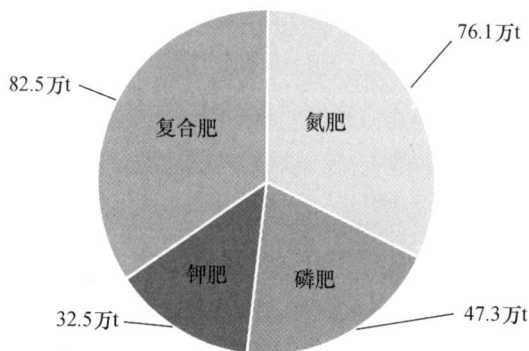

图 1-2　2022 年黑龙江省化肥施用量

自 2015 年国家实施"双减"行动方案以来,黑龙江省粮食产量增加了 19.2%(2015 年为 6 324 万 t;2022 年为 7 763.1 万 t)(图 1-3),化肥施用量减少了 6.6%(2015 年为 255.3 万 t;2022 年为 238.5 万 t),其中氮肥用量降低最多(14.0%),钾肥次之(12.9%),复合肥用量基本稳定不变(图 1-4)。

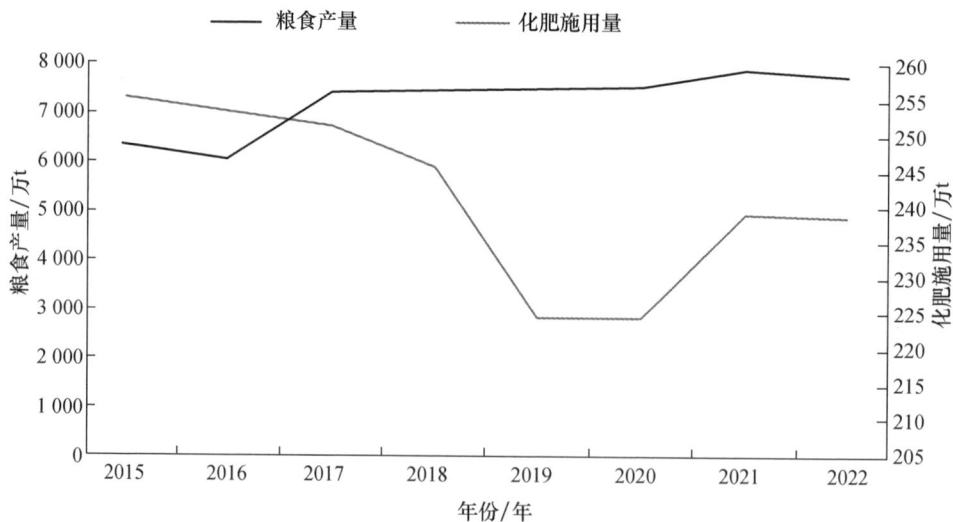

图 1-3　2015—2022 年黑龙江省粮食产量与化肥施用总量

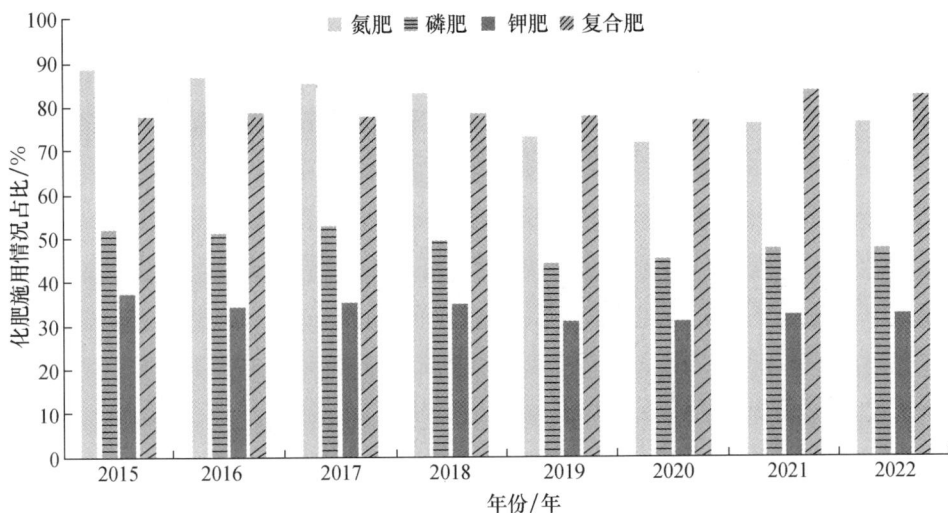

图1-4 2015—2022年黑龙江省化肥施用情况

2. 黑龙江省水稻氮肥利用情况

黑龙江省水稻平均农学氮肥利用率为 14.4 kg/kg，介于全国水平和发达国家水平之间(全国水稻农学氮肥利用率为 5~10 kg/kg，发达国家水稻农学氮肥利用率为 20~25 kg/kg)；黑龙江省氮肥利用效率为 29%，同样介于全国水平和发达国家之间(全国水稻氮肥利用效率为 27.1%，发达国家水稻氮肥利用效率为 40%~60%)，说明我国的氮肥利用效率亟待提高，同时，黑龙江省与发达国家仍存在差距，因此快速便捷、无损准确地监测和诊断水稻植株的氮素营养状况，发展有效的精准氮管理策略是保障和实现粮食安全与氮肥资源高效利用的根本途径。

参 考 文 献

安志超，黄玉芳，汪洋，等，2019. 不同氮效率夏玉米临界氮浓度稀释模型与氮营养诊断[J]. 植物营养与肥料学报，1：123-133.

曹强，田兴帅，马吉锋，等，2019. 中国三大粮食作物临界氮浓度稀释曲线研究进展[J]. 南京农业大学学报，43(3)：392-402.

曹卫星, 2006. 作物栽培学总论[M]. 北京: 科学出版社.

查海涅, 2016. 基于卫星遥感的水稻生长监测与氮素营养诊断系统[D]. 滁州: 安徽科技学院.

陈防, 鲁剑巍, 1996. SPAD-502 叶绿素计在作物营养快速诊断上的应用初探[J]. 湖北农业科学, 2: 31-34.

陈青春, 吴继贤, 秦彦博, 等, 2014. 基于 Green Seeker 的水稻氮素估测[J]. 中国农业大学学报, 19(6): 49-55.

陈温福, 2010. 北方水稻生产技术问答[M]. 3 版. 北京: 中国农业出版社.

陈晓群, 张学军, 白建忠, 等, 2010. 基于水稻不同生育期叶绿素值推荐追施氮量的研究初报[J]. 中国农学通报, 26(7): 147-151.

陈晓阳, 钱秋平, 赵秀峰, 等, 2013. 水稻叶片 SPAD 空间分布与氮素营养及种植密度的关系[J]. 江西农业学报, 25(5): 13-15.

丁艳锋, 赵长华, 王强盛, 2003. 穗肥施用时期对水稻氮素利用及产量的影响[J]. 南京农业大学学报, 26(4): 5-8.

董钻, 王术, 2018. 作物栽培学总论[M]. 北京: 中国农业出版社.

冯伟, 王永华, 谢迎新, 等, 2008. 作物氮素诊断技术的研究综述[J]. 中国农学通报, 24(11): 179-185.

郭建华, 赵春江, 王秀, 等, 2008. 作物氮素营养诊断方法的研究现状及进展[J]. 中国土壤与肥料, 4: 10-14.

郭晓艺, 张林, 徐富贤, 等, 2010. 杂交中稻叶片 SPAD 值的田间测定方法研究[J]. 中国稻米, 16(5): 16-20.

何俊俊, 杨京平, 杨虎, 等, 2014. 光照及氮素水平对水稻冠层叶片 SPAD 值动态变化的影响[J]. 浙江大学学报(农业与生命科学版), 40(5): 495-504.

贺帆, 2006. 实时实地氮肥管理对水稻产量、品质和氮效率影响的研究[D]. 武汉: 华中农业大学.

黄敬峰, 陈拉, 王晶, 等, 2013. 水稻种植面积遥感估算的不确定性研究[J]. 农业工程学报, 29(6): 166-176.

贾良良, 陈新平, 张福锁, 2001. 作物氮营养诊断的无损测试技术[J]. 世界农业, 23(6): 36-37.

江立庚, 曹卫星, 姜东, 等. 2004. 水稻叶氮量等生理参数的叶位分布特点及其与氮素营养诊断的关系[J]. 作物学报，30(8)：745-750.

姜继萍，杨京平，杨正超，等，2012. 不同氮素水平下水稻叶片及相邻叶位SPAD 值变化特征[J]. 浙江大学学报(农业与生命科学版)，38(2)：166-174.

蒋仁安，2019. 基于高光谱的水稻氮素营养监测研究[D]. 南昌：江西农业大学.

金军，徐大勇，胡曙云，2003. 叶绿素仪穗肥诊断及其在水稻优质栽培中的应用[J]. 耕作与栽培，2：14-22.

李道亮，2018. 农业 4.0：即将到来的智能农业时代[J]. 农学学报，8(1)：207-214.

李粉玲，常庆瑞，申健，等，2016. 基于 GF-1 卫星数据的冬小麦叶片氮含量遥感估算[J]. 农业工程学报，32(9)：157-164.

李刚华，丁艳锋，薛利红，等，2005. 利用叶绿素计(SPAD-502)诊断水稻氮素营养和推荐追肥的研究进展[J]. 植物营养与肥料学报，11(3)：412-416.

李刚华，薛利红，尤娟，等，2007. 水稻氮素和叶绿素 SPAD 叶位分布特点及氮素诊断的叶位选择[J]. 中国农业科学，40(6)：1127-1134.

李桂娟，朱丽丽，李井会，2008. 作物氮素营养诊断的无损测试研究与应用现状[J]. 黑龙江农业科学，4：127-129.

李杰，2017. 基于 SPAD 值的水稻变量施氮模型及其应用研究[D]. 贵阳：贵州大学.

李军玲，张弘，曹淑超，2013. 夏玉米长势卫星遥感动态监测指标研究[J]. 玉米科学，21(3)：149-153.

李卫国，李花，2010. 水稻卫星遥感估产研究性状与对策[J]. 江苏农业科学，5：444-445.

李卫国，王纪华，李存军，等，2009. 冬小麦花期生理形态指标与卫星遥感光谱特征的相关性分析[J]. 麦类作物学报，1：79-82.

李正鹏，宋明丹，冯浩，2015. 关中地区玉米临界氮浓度稀释曲线的建立和验证[J]. 农业工程学报，31(13)：135-141.

李志宏，刘宏斌，张福锁，2003. 应用叶绿素仪诊断冬小麦氮营养状况的研究[J]. 植物营养与肥料学报，9(4)：401-405.

李志宏，张云贵，刘宏斌，2005. 叶绿素仪在夏玉米氮营养诊断中的应用[J].

植物营养与肥料学报，11(6)：764-768.

梁效贵，张经廷，周丽丽，等，2013. 华北地区夏玉米临界氮稀释曲线和氮营养指数研究[J]. 作物学报，39(2)：292-299.

刘昌华，马文玉，陈志超，等，2018. 基于无人机遥感的冬小麦氮素营养诊断[J]. 河南理工大学学报(自然科学版杂志)，37(3)：45-53.

刘昌华，王哲，陈志超，等，2016. 基于无人机遥感影像的冬小麦氮素监测[J]. 农业机械学报，49(6)：207-214.

刘宏斌，张云贵，李志宏，等，2004. 光谱技术在冬小麦氮素营养诊断中的应用研究[J]. 中国农业科学，37(11)：1743-1748.

卢宪菊，郭新宇，温维亮，等，2019. 东北地区春玉米临界氮浓度稀释曲线的建立和验证[J]. 中国农业科技导报，11：77-83.

卢艳丽，白由路，杨俐苹. 利用 Green Seeker 法诊断春玉米氮素营养状况的研究[J]. 玉米科学，16(1)：11-114.

陆震洲，2015. 长江下游稻作区水稻临界氮浓度和光谱指数模型研究[D]. 南京：南京农业大学.

吕川根，宗寿余，邹江石，等，2005. 水稻叶片形态因子及其在 F1 代的遗传[J]. 作物学报，31(8)：1074-1079.

吕茹洁，商庆银，陈乐，等，2018. 基于临界氮浓度的水稻氮素营养诊断研究[J]. 植物营养与肥料学报，5：1396-1405.

罗元利，2014. 基于多光谱成像的氮素胁迫下玉米营养诊断的研究[D]. 哈尔滨：东北农业大学.

马晓晶，张小涛，黄玉芳，等，2017. 小麦叶片临界氮浓度稀释曲线的建立与应用[J]. 植物生理学报，53(7)：1313-1321.

裴信彪，吴和龙，马萍，等，2018. 基于无人机遥感的不同施氮水稻光谱与植被指数分析[J]. 中国光学，11(5)：832-840.

彭少兵，黄见良，钟旭华，等，2002. 提高中国稻田氮肥利用率的研究策略[J]. 中国农业科学，5(9)：1095-1103.

彭显龙，刘元英，罗盛国，等，2006. 实地氮肥管理对寒地水稻干物质积累和产量的影响[J]. 中国农业科学，(39)：2286-2293.

秦志伟，2015. "农业4.0"已露尖尖角[J]. 农村·农业·农民(B版)，9：4-6.

邵国民，骆琴，何信富，等，2019. 植保无人机防除水稻直播田杂草效果评价
　　[J]. 中国稻米，25(6)：89-92.

沈掌泉，王珂，朱君艳，2002. 叶绿素计诊断不同水稻品种氮素营养水平的研究
　　初报[J]. 科技通报，18(3)：173-176.

宋丽娟，柴青宇，张超，等，2023. 数字农业分析决策辅助体系建设研究[J].
　　农业科学，13(2)：7.

宋丽娟，叶万军，关宪任，等，2019. 基于文献计量分析我国无人机氮素营养诊
　　断研究现状[J]. 黑龙江农业科学，1：4.

宋丽娟，叶万军，陆忠军，等，2020. 遥感与作物生长模型数据同化在水稻上的
　　应用进展[J]. 中国稻米，26(5)：6.

宋玉柱，2018. 寒地水稻冠层氮素含量高光谱估测研究[D]. 哈尔滨：东北农业
　　大学.

孙梅梅，谌江华，任少鹏，2019. 添加助剂对无人机喷雾技术防治水稻害虫的效
　　果评价[J]. 湖南农业科学，9：55-57.

唐延林，王人潮，张金恒，等，2003. 高光谱与叶绿素计快速测定大麦氮素营养
　　状况研究[J]. 麦类作物学报，23(1)：63-66.

田明璐，班松涛，袁涛，等，2018. 基于低空无人机多光谱遥感的水稻倒伏监测
　　研究[J]. 上海农业学报，34(6)：88-93.

王红蕾，宋丽娟，张宇，等，2019. 科技创新在黑龙江省乡村振兴中的作用浅析
　　[J]. 农学学报，9(12)：96-100.

王绍华，曹卫星，王强盛，等，2002. 水稻叶色分布特点与氮素营养诊断[J].
　　中国农业科学，35(12)：1461-1466.

王晓玲，2017. 长江中下游稻麦两熟区冬小麦植株器官临界氮浓度模型构建及氮
　　素诊断调控研究[D]. 南京：南京农业大学.

王宇恒，2019. 多旋翼无人机的发展历程及构型分析[J]. 科技传播，2019，
　　11(22)：142-144.

王远，2015. 基于可见光图像的水稻氮素营养诊断和推荐施肥研究[D]. 北京：
　　中国科学院大学.

王震，褚桂坤，张宏建，等，2018. 基于无人机可见光图像 Haar-like 特征的水
　　稻病害白穗识别[J]. 农业工程学报，34(20)：73-82.

王治海，刘建栋，刘玲，等，2013. 基于遥感信息的区域农业干旱模拟技术研究
　　[J]. 水土保持通报，5：96-100.

吴方明，张淼，吴炳方，2019. 无人机影像的面向对象水稻种植面积快速提取
　　[J]. 地球信息科学学报，21(5)：789-798.

吴黎，解文欢，张有智，等，2022. 基于温度植被干旱指数的黑龙江省 20 年干
　　旱时空特征研究[J]. 水土保持研究，5：29.

吴良欢，陶勤南，1999. 水稻叶绿素计诊断追氮法研究[J]. 浙江农业大学学报，
　　25(2)：135-138.

武婕，李玉环，李增兵，等，2014. 基于 SPOT-5 遥感影像估算玉米成熟期地上
　　生物量及其碳氮累积量[J]. 植物营养与肥料学报，20(1)：64-74.

武旭梅，常庆瑞，落莉莉，等，2019. 水稻冠层叶绿素含量高光谱估算模型[J].
　　干旱地区农业研究，37(3)：238-243.

薛利红，曹卫星，罗卫红，等，2003. 基于冠层反射光谱的水稻群体叶片氮素状
　　况监测[J]. 中国农业科学，36(7)：807-812.

闫昱光，2019. 基于多光谱图像的水稻估产模型研究[D]. 哈尔滨：东北农业
　　大学.

杨红云，周琼，杨珺，等，2019. 基于高光谱的水稻叶片氮素营养诊断研究[J].
　　浙江农业学报，31(10)：1575-1582.

杨雪，2015. 稻麦两熟区冬小麦适宜氮素指标动态模型构建与追氮调控研究
　　[D]. 南京：南京农业大学.

姚国新，高山，陈素生，2003. 水稻旱直播的国内外研究进展[J]. 农业科学研
　　究，24(2)：63-67.

姚霞，刘小军，田永超，等，2013. 基于星载通道光谱指数与小麦冠层叶片氮素
　　营养指标的定量关系[J]. 应用生态学报，24(2)：431-437.

银敏华，李援农，李昊，等，2016. 氮肥运筹对夏玉米根系生长与氮素利用的影
　　响[J]. 农业机械学报，7(6)：129-138.

俞敏祎，余凯凯，费聪，等，2019. 水稻冠层叶片 SPAD 数值变化特征及氮素营
　　养诊断[J]. 浙江农林大学学报，36(5)：950-956.

袁召锋，2016. 基于 SPAD 值的水稻氮素营养诊断与调控研究[D]. 南京：南京
　　农业大学.

岳松华，刘春雨，黄玉芳，等，2016. 豫中地区冬小麦临界氮稀释曲线与氮营养指数模型的建立[J]. 作物学报，42(6)：909-916.

臧英，侯晓博，汪沛，等，2019. 基于无人机遥感技术的黄华占水稻施肥决策模型研究[J]. 沈阳农业大学学报，50(3)：324-330.

詹国祥，康丽芳，端木和林，2020. 极飞 P20 无人机水稻病虫害飞防效果试验与分析[J]. 农业装备技术，46(1)：18-19.

张福锁，马文奇，李隆，等，2005. 中国植物营养研究现状及展望[R]. 北京：中国土壤科学学术研讨会.

张浩，姚旭国，张小斌，等，2008. 基于多光谱图像的水稻叶片叶绿素和籽粒氮素含量检测研究[J]. 中国水稻科学，5：555-558.

张华，杨树青，符鲜，等，2016. 玉米叶绿素 CCI 值及氮营养指数在氮诊断中的研究与应用[J]. 节水灌溉，9：36-39.

张娟娟，杜盼，郭建彪，等，2017. 不同氮效率小麦品种临界氮浓度模型与营养诊断研究[J]. 麦类作物学报，37(11)：1480-1488.

张耀鸿，高文丽，胡继超，2008. 利用叶绿素计诊断水稻氮素营养的研究[J]. 江苏农业科学，6：256-257.

张雨，2017. 基于无人机遥感的水稻氮素营养诊断研究[D]. 哈尔滨：东北农业大学.

赵犇，2012. 小麦临界氮浓度稀释模型构建及氮素诊断研究[D]. 南京：南京农业大学.

赵犇，姚霞，田永超，等，2013. 基于上部叶片 SPAD 值估算小麦氮营养指数[J]. 生态学报，33(3)：916-924.

赵满兴，周建斌，翟丙年，等，2005. 旱地不同冬小麦品种氮素营养的叶绿素诊断[J]. 植物营养与肥料学报，11(4)：461-466.

赵天成，刘汝亮，李友宏，等，2008. 用叶绿素仪预测水稻氮肥施用量的研究[J]. 宁夏农林科技，6：9-11.

赵越，2017. 基于高光谱的寒地水稻叶片氮素营养诊断研究[D]. 哈尔滨：东北农业大学.

钟旭华，黄农荣，郑海波，等，2006. 水稻抽穗期叶色诊断指标与叶面积指数及结实期光强的关系[J]. 中国农学通报，22(10)：147-153.

钟一铭，2016. 水稻叶片氮素营养快速诊断及稻田温室气体排放特征研究[D].
　　杭州：浙江大学.

周瑞岭，范辉，2019. 农用无人机在水稻病虫害防治中的应用[J]. 农业开发与
　　装备，12：63-65.

朱新开，盛海君，顾晶，等，2005. 应用 SPAD 值预测小麦叶片叶绿素和氮含量
　　的初步研究[J]. 麦类作物学报，25(2)：46-50.

祝锦霞，邓劲松，林芬芳，等，2010. 水稻氮素机器视觉诊断最佳叶位和位点的
　　选择研究[J]. 农业机械学报，41(4)：179-183.

庄东英，李卫国，武立权，2013. 冬小麦生物量卫星遥感估测研究[J]. 干旱区
　　资源与环境，10：158-162.

ABDEL R E M, AHMED F B, ISMAIL R, 2013. Random forest regression and
　　spectral band selection for estimating sugarcane leaf nitrogen concentration using
　　EO-1 Hyperion hyperspectral data[J]. International Journal of Remote Sensing,
　　34(2)：712-728.

ARGENTA G, SILVA P R D, SANGOI L, 2004. Leaf relative chlorophyll content as
　　an indicator parameter to predict nitrogen fertilization in maize[J]. Ciencia Rural,
　　34(5)：1379-1387.

ATA-UL-KARIM S T, 2012. Study on critical nitrogen dilution curve and diagnosis
　　model for Japonica rice in east China[D]. Nanjing：Nanjing Agricultural University.

ATA-UL-KARIM S T, LIU X J, LU Z Z, et al., 2016. In-season estimation of rice
　　grain yield using critical nitrogen dilution curve[J]. Field Crops Research,
　　195：1-8.

ATA-UL-KARIM S T, LIU X J, LU Z Z, et al., 2017a. Estimation of nitrogen
　　fertilizer requirement for rice crop using critical nitrogen dilution curve[J]. Field
　　Crops Research, 201：32-40.

ATA-UL-KARIM S T, YAO X, LIU X J, et al., 2013. Development of critical
　　nitrogen dilution curve of Japonica rice in Yangtze River Reaches[J]. Field Crops
　　Research, 149：149-158.

ATA-UL-KARIM S T, ZHU Y, CAO Q, et al., 2017c. In-season assessment of
　　grain protein and amylose content in rice using critical nitrogen dilution curve

[J]. European Journal of Agronomy, 90: 139-151.

ATA-UL-KARIM S T, YAO X, LIU X J, et al., 2014b. Determination of critical nitrogen dilution curve based on stem dry matter in rice [J]. Plos One, 9 (8): e104540.

ATA-UL-KARIM S T, ZHU Y, LIU X J, et al., 2017b. Comparison of different criticalnitrogen dilution curves for nitrogen diagnosis in rice[J]. Scientific Reports, 7: 42679.

ATA-UL-KARIM S T, ZHU Y, YAO X, et al., 2014a. Determination of critical nitrogen dilution curve based on leaf area index in rice[J]. Field Crops Research, 167: 76-85.

BALASUBRAMANIAN V, MORALES A C, CRUZ R T, 2000. Chlorophyll meter threshold values for N management in wet direct seeded irrigated rice. International Rice[J]. Research Notes, 25(2): 35-37.

BALASUBRAMANIAN V, MORALES A C, CRUZ R T, et al., 1998. On-farm adaptation of knowledge-intensive nitrogen management technologies for rice systems [J]. Nutrient Cycling in Agroecosystems, 53(1): 59-69.

BELANGER G, WALSH J R, RICHARDS G E, et al., 2001. Critical nitrogen curve and nitrogen nutrition index for potato in eastern canada[J]. American Journal of Potato Research, 78(5): 355-364.

BLACKNLER T, MSEHEPERS J S, VHREL G E, 1994. Light reflectance compared with other nitrogen stress measurements in corn leaves [J]. Agronomy Journal, 86(6): 934-938.

CAO Q, MIAO Y, FENG G H, et al., 2015. Active canopy sensing of winter wheat nitrogen status: An evaluation of two sensor systems[J]. Computers and Electronics in Agriculture, 112: 54-67.

CALOIN M, YU O, 1984. Analysis of the time course of change in nitrogen content in dactylis glomerata L. Using a model of plant growth[J]. Annals of Botany, 54(1): 69-76.

CASSMAN K G, PENG S, OLK D C, 1998. Opportunities for increased nitrogen-use efficiency from improved resource management in irrigated rice systems[J]. Field crops research, 56(7): 7-39.

CHEN Q C, TIAN Y C, XIA Y, et al., 2014. Comparison of five nitrogen dressing methods to optimize rice growth[J]. Plant Production Science, 17(1): 66-80.

CILIA C, PANIGADA C, ROSSINI M, et al., 2014. Nitrogen status assessment for variable rate fertilization in maize through hyperspectral imagery [J]. Remote Sensing, 6(7): 6549-6565.

COLNENNE C, MEYNARD J M, REAU R, et al., 1998. Dertermination of a Critical nitrogen dilution curve for winter oilseed rape [J]. Annals of Botany, 81(2): 311-317.

CORCOLES J I, ORTEGA J F, HERNANDEZ D, et al., 2013. Estimation of leaf area index in onion (Allium cepa L.) using an unmanned aerial vehicle [J]. Biosystems Engineering, 115(1): 31-42.

DEBAEKE P, ROUET P, JUSTES E, 2006. Relationship between the normalized SPAD index and the nitrogen nutrition index: application to durum wheat [J]. Journal of Plant Nutrition and soil science, 29(1): 75-92.

DEVIENNE B F, JUSTE E, MACHET J M, et al., 2000. Integrated control of nitrate uptake by crop growth rate and soil nitrate availability under field conditions [J]. Annals of Botany, 86: 995-1005.

EITEL J U H, LONG D S, GESSLER P E, et al., 2007. Using in-situ measurements to evaluate the new RapidEye™ satellite series for prediction of wheat nion status[J]. International Journal of Remote Sensing, 28(17-18): 4183-4190.

ESFAHANI M, ABBASI H, RABIEI B, et al., 2008. Improvement of nitrogen management in rice paddy fields using chlorophyll meter(SPAD) [J]. Paddy and Water Environment, 6(2): 181-188.

EVANS J R, SEEMAXM J R, 1984. Difference between wheat genotypes in specific activity of ribulose-1, 5-bisphosphate carboxylase and the relationship to photosynthesis[J]. Plant Physiology, 74(4): 759-765.

FAGERIA N K, 2007. Yield physiology of rice [J]. Journal of Plant Nutrition, 30(6): 843-879.

GABRIELLE B, DENOROY P, GOSSE G, et al., 1998. Development and evaluation of a CERES – type model for winter oilseed rape [J]. Field Crops Research, 57(1): 95-111.

GASTAL F, LEMAIRE G, 2002. N uptake and distribution in crops: an agronomical and ecophysiological perspective[J]. Journal of experimental botany, 53: 789-799.

GILETTO C M, ECHEVERRÍA H E, 2012. Critical nitrogen dilution curve for processing potato in Argentinean Humid Pampas [J]. American Journal of Potato Research, 89(2): 102-110.

GONEALEZ S A, FRAUSTO S J, OJEDA B W, 2014. Predictive ability of machine learning methods for massive crop yield prediction [J]. Spanish Journal of Agricultural Research, 12, 313-328.

GREENWOOD D J, LEMAIRE G, GOSSE G, et al., 1990. Decline in percentage N of C3 and C4 crops with increasing plant mass[J]. Annals of Botany, 66(4): 425-436.

GRINDLAY D J C, 1997. Towards an explanation of crop nitrogen demand based on the optimization of leaf nitrogen per unit leaf area[J]. The Journal of Agricultural Science, 128(4): 377-396.

GROHS D S, BREDEMEIER C, MUNDSTOCK C M, et al., 2009. Poletto N model for yield potential estimation in wheat and barley using the Green Seeker sensor [J]. Frontiers of Agricultural Science and Engineering, 29(1): 101-112.

HEL B O, SOLHAUG K A, 1998. Effect of irradiance on chlorophyll estimation with the Minolta SPAD-502 leaf chlorophyll meter[J]. Annals of Botany, 82(3): 389-392.

HE Z Y, QIU X L, ATA-UL-KARIM S T, et al., 2017. Development of a critical nitrogen dilution curve of double cropping rice in south China[J]. Frontiers in Plant Science, 8: 638.

HEREMANS S, DONG Q, ZHANG B E, et al., 2015. Potential of ensemble tree methods for early-season prediction of winter wheat yield from short time series of remotely sensed normalized difference vegetation index and in situ meteorological data [J]. Journal of Applied Remote Sensing, 9(1): 097095-097095.

HOOGMOED M, NEUHAUS A, NOACK S, et al., 2018. Benchmarking wheat yield against crop nitrogen status[J]. Field Crops Research, 222: 153-163.

HUANG S Y, MIAO Y X, CAO Q, et al., 2018. A new critical nitrogen dilution curve for rice nitrogen status diagnosis in northeast China[J]. Pedosphere, 28(5): 814-822.

HUANG S Y, MIAO Y X, ZHAO G M, et al., 2013. Estimating rice nitrogen status with satellite remote sensing in northeast China[C]//International Conference on Agro-Geoinformatics.

HUANG S Y, MIAO Y X, ZHAO G M, et al., 2015. Satellite remote sensing-based in-season diagnosis of rice nitrogen status in northeast China[J]. Remote Sensing, 7(8): 10646-10667.

JAMIESON P D, PORTER J R, WILSON D R, 1991. A test of the computer simulation model ARCWHEAT1 on wheat crops grown in New Zealand[J]. Field Crops Research, 27(4): 337-350.

JIA L L, CHENG X P, ZHANG F, et al., 2004. Use of digital camera to assess nitrogen status of winter wheat in the northern China plain[J]. Journal of Plant Nutrition and Soil Science, 27(3): 441-450.

JUSTES E, MARY B, MEYNARD JM, et al., 1994. Dertermination of a critical nitrogen dilution curve for winter wheat crops[J]. Annals of Botany, 74(4): 397-407.

KIM N, LEE Y W, 2016. Machine learning approaches to corn yield estimation using satellite images and climate data: a case of Iowa State[J]. Journal of the Korean Society of Surveying, Geodesy, Photogrammetry and Cartography, 34(4): 383-390.

KITO S, HASEGAWA T, KOGA Y, 1992. Growth analysis of a tall fescue sward fertilized with different rates of nitrogen[J]. Crop Science, 32(6): 1371-1376.

KUNDU D K, LAHDA J K, 1995. Efficient management of soil and biologically fixed N2 in intensively-cultivated rice fields[J]. Soil Biology & Bioehem, 27(4-5): 431-439.

LAMB D W, BROWN R B, 2001. Paprecision agriculture: Remote sensing and mapping of weeds in crops[J]. Journal of Agricultural Engineering Research,

78(2): 117-125.

LEMAIRE G, GASTAL F, 1997a. N uptake and distribution in plant canopies [M]. Berlin: Springer.

LEMAIRE G, JEUFFROY M, GASTAL F, 2008. Diagnosis tool for plant and crop N status in vegetative stage theory and practices for crop N management[J]. European Journal of Agronomy, 28(4): 614-624.

LEMAIRE G, MEYNARD J M, 1997b. On the critical N concentration in agricultural crops[M]. Berlin: Springer Verlag.

LEMAIRE G, OOSTEROM E V, SHEEHY J, et al., 2007. Is crop N demand more closely related to dry matter accumulation or leaf area expansion during vegetative growth[J]. Field Crops Research, 100(1): 91-106.

LEMAIRE G, SALETTE J SIGOGNE M, et al., 1984. Relation entre dynamique de croissance et dynamique de prélèvement d'azote pour un peuplement de graminées fourragères. I. Etude de l'effet du milieu [J]. Agronomie, 4(5): 423-430.

LIANG X G, ZHANG Z L, ZHOU L L, et al., 2018. Localization of maize critical N curve and estimation of NNI by chlorophyll [J]. International Journal of Plant Production, 12(2): 85-94.

LIN F F, QIU L F, DENG J S, et al., 2010. Investigation of SPAD meter based indices for estimating rice nitrogen status [J]. Computers and Electronics in Agriculture, 71(1): 60-65.

LI W J, HE P, JIN J Y, 2012. Critical nitrogen curve and nitrogen nutrition index for spring maize in North East China [J]. Journal of plant Nutrition, 35(11): 1747-1761.

LIU H, ZHU H, WANG P, 2017. Quantitative modelling for leaf nitrogen content of winter wheat using UAV-based hyperspectral data [J]. International Journal of Remote Sensing, 38(8-10): 2117-2134.

LV R J, SHANG Q Y, CHEN L, et al., 2018. Plant study on diagnosis of nitrogen nutrition in rice based on critical nitrogen concentration[J]. Journal Plant Nutrition and Soil Science, 5: 1396-1405.

MADERIA A C, MENTIONS A, FERREIRA M E, et al., 2000. Relationship between spectroradiometric and chlorophyll measurements in green beans [J]. Communications in Soil Science and Plant Analysis, 31(6). 631-643.

MEYNARD G, MEYNARD J M, 1997. Use of the nitrogen nutrition index for the analysis of agronomical data[M]. Berlin：Springer.

MIAO Y X, MULLA D J, RANDALL G W, et al. , 2009. Combining chlorophyll meter readings and high spatial resolution remote sensing images for in-season site-specific nitrogen management of corn[J]. Precision Agriculture, 10：45-62.

MURIOZ H R F, GUEVARA G R G, et al. , 2013. A review of methods for sensing the nitrogen status in plants：advantages, disadvantages and recent advances [J]. Sensors, 13(8)：10823-10843.

OLIVEIRA A D, CANTíDIO E, GAVA D C, et al. , 2013. Determining a critical nitrogen dilution curve for sugarcane[J]. Journal of Plant Nutrition and Soil Science, 176(5)：712-723.

PANTAZI X E, MOSHOU D, ALEXANDRIDIS T, et al. , 2016. Wheat yield prediction using machine learning and advanced sensing techniques[J]. Computers and Electronics in Agriculture, 121：57-65.

PANDA S S, AMES D P, PANIGRAHI S J , 2010. Application of vegetation indices for agricultural crop yield prediction using neural network techniques[J]. Remote Sensing, 2(3)：673-696.

PENG S B, BURESHA R J, HUANG J L, et al. , 2006. Strategies for overcoming low agronomic nitrogen use efficiency in irrigated rice systems in China[J]. Field Crops Research, 96(1)：37-47.

PENG S B, GARCIA F V, LAZA M R C, et al. , 1993. Adjustment for specific leaf weight improves chlorophyll meter's estimate of rice leaf nitrogen concentration [J]. Agronomy Journal, 85(5)：987-990.

PENG S B, GARCIA F V, LAZA R C, et al. , 1996. Increased N-use efficiency using a chlorophyll meter on high-yielding irrigated rice[J]. Field Crops Research, 47(2-3)：243-252.

PLENET D, CRUZ P, 1997. The nitrogen requirement of major agricultural crops：maize and sorghum[M]. Berlin：Springer.

PROS L, JEUFFROY M H, 2007. Replacing the nitrogen nutrition index by the chlorophyll meter to assess wheat N status [J]. Agronomy for Sustainable Development, 27(4): 321-330.

RAUN W R, SOLIE J B, JOHNSON G V, et al., 2002. Improving nitrogen use efficiency in cereal grain production with optical sensing and variable rate application [J]. Agronomy Journal, 94(4): 815-820.

RODRIGUEZ I R, MILLER G L, 2000. Using a chlorophyll meter to determine the chlorophyll concentration, nitrogen concentration, and visual quality of St. Augustine-gras[J]. Hort science, 35(4): 751-754.

ROZBICKI J, SAMBORSKI S, 2001. Relationship between SPAD readings and NNI for winter triticale grown on light soil[C]. Proceedings of the 11th Nitrogen Workshop Reims.

SHEEHY J E, DIONORA M J A, MITCHELL P L, et al., 1998. Critical nitrogen concentrations: implications for high-yielding rice (Oryza sativa L.) cultivars in the tropics[J]. Field Crops Research, 59(1): 31-41.

STAS M, VAN O J, Dong Q, et al., 2016. A comparison of machine learning algorithms for regional wheat yield prediction using NDVI time series of SPOT-VGT [J].//2016 5th International Conference on Agro－geoinformatics (Agro－geoinformatics). IEEE, 1-5.

TARKALSON D D, PAYERO J O, 2008. Comparison of nitrogen fertilization methods and rates for subsurface drip irrigated corn in the semiarid Great Plains [J]. Transactions of the ASABE, 51(5): 1633-1643.

THOMAS J R, GAUSMAN H W, 1977. Leaf reflectance vs. leaf chlorophyll and carotenoid concentration for eight crops[J]. Agronomy Journal, 69(5): 799-802.

TIAN Y C, YAO X, YANG J, et al., 2011. Assessing newly developed and published vegetation indices for estimating rice leaf nitrogen concentration with ground and space based hyperspectral reflectance[J]. Field Crops Research, 120: 299-310.

TILLING A K, O'LEARY G J, FERWERDA J G, et al., 2007. Remote sensing of nitrogen and water stress in wheat[J]. Field Crops Research, 104(1-3): 77-85.

TORRES S J, PENA J M, DE CASTRO A I, et al. , 2014. Multi-temporal mapping of the vegetation fraction in early-season wheat fields using images from UAV [J]. Computers and Electronics in Agriculture, 103: 104-113.

TUMBO S D, WAGNER D G, HEINEMANN P H, 2002. Hyper spectral characteristics of corn plants under different chlorophyll levels[J]. Transaction of the ASABE, 45(3): 815-823.

TURNER F T, JUND M F, 1994. Assessing the nitrogen requirements of rice crops with a chlorophyll meter[J]. Animal Production Science, 34(7): 1001-1005.

ULRICH A, 1952. Physiological bases for assessing the nutritional requirements of plants[J]. Annual Review of Plant Physiology, 3(1): 207-228.

WANG S H, ZHU Y, JIANG H D, et al. , 2005. Positional differences in nitrogen and sugar concentrations of upper leaves relate to plant N status in rice under different N rates[J]. Field Crops Research, 96(23): 224-234.

WANG X L, YE T Y, ATA-UL-KARIM S T, et al. , 2017. Development of a critical nitrogen dilution curve based on leaf area duration in wheat[J]. Frontiers in Plant Science, 8: 1517.

WANG Y, SHI P H, ZHANG G, et al. , 2016. A critical nitrogen dilution curve for Japonica rice based on canopy images [J]. Field Crops Research, 198: 93-100.

WILLMOTT C J, 1982. Some comments on the evaluation of model performance [J]. Bulletin of the American Meteorological Socirty, 63(11): 1309-1313.

XIA T T, MIAO Y X, WU D L, et al. , 2016. Active optical sensing of spring maize for in season diagnosis of nitrogen status based on nitrogen nutrition index [J]. Remote Sensing, 8(7): 605.

XUE X, WANG J, WANG Z, 2008. Dertermination of a critical dilution curve for nitrogen concentration in cotton [J]. Journal of Plant Nutrition &Soil Science, 170(170): 811-817.

YANG C M, LIU C C, WANG Y W, 2008. Using FORMOSAT-2 satellite data to estimate leaf area index of rice crop [J]. Journal of Photogrammetry and Remote Sensing, 13: 253-260.

YANG H, YANG J P, LV YM, et al. , 2014. SPAD values and nitrogen nutrition index for the evaluation of rice nitrogen status [J]. Plant Production Science, 17(1): 81-92.

YANG J, GREENWOOD D J, ROWELL D L, et al., 2000. Statistical methods for evaluating a crop nitrogen simulation model[J]. Agricultural Systems, 64: 37-53.

YAO X, ATA-UL-KARIM S T, ZHU Y, et al., 2014a. Development of critical nitrogen dilution curve in rice based on leaf dry matter[J]. European Journal of Agronomy, 55(2): 20-28.

YAO X, ZHAO B, TIAN Y C, et al., 2014b. Using leaf dry matter to quantify the critical nitrogen dilution curve for winter wheat cultivated in eastern China[J]. Field Crops Research, 159: 33-42.

YIN M H, LI Y N, XU L Q, et al., 2018. Nutrition diagnosis for nitrogen in winter wheat based on critical nitrogen dilution curves [J]. Crop Science, 58(1): 416-425.

YUE Q, LEDO A, CHENG K, et al., 2018. Re-assessing nitrous oxide emissions from croplands across mainland china[J]. Agriculture Ecosystems and Environment, 268: 70-78.

YUE S C, MENG Q F, ZHAO R F, et al., 2012. Critical nitrogen dilution curve for optimizing nitrogen management of winter wheat production in the North China Plain [J]. Agronomy Journal, 104(2): 523-529.

YUE S C, SUN F L, MENG Q F, et al., 2014. Validation of a critical nitrogen curve for summer maize in the North China Plain[J]. Pedosphere, 24(1): 76-83.

ZHA H N, MIAO Y X, WANG T T, et al., 2020. Improving unmanned aerial vehicle remote sensing-based rice nitrogen nutrition index prediction with machine learning[J]. Remote Sensing, 12(2): 215.

ZHAO B, ATA-UL-KARIM S T, LIU Z D, et al., 2017. Development of a critical nitrogen dilution curve based on leaf dry matter for summer maize[J]. Field Crops Research, 208: 60-68.

ZHAO B, YAO X, TIAN Y C, et al., 2014. New critical nitrogen curve based on leaf area index for winter wheat[J]. Agronomy Journal, 106(2): 379-389.

ZHENG H, LI W, JIANG J L, et al., 2018. A comparative assessment of different modeling algorithms for estimating leaf nitrogen content in winter wheat using multispectral images from an unmanned aerial vehicle [J] . Remote Sensing, 10 (12): 2026.

ZHOU Q, WANG J H, 2003. Comparison of upper leaf and lower leaf of rice plants in response to supplemental nitrogen levels [J] . Journal of Plant Nutrition, 26 (3): 607-617.

ZIADI N, BRASSARD M, BELANGER G, et al. , 2008. Chlorophyll measurements and nitrogen nutrition index fo the evaluation of corn nitrogen status [J] . Agronomy Journal, 100(5): 1264-1273.

第 2 章　基于叶片寒地粳稻的临界氮浓度稀释模型构建与验证

临界氮浓度是指作物达到最大干物质重所需要的最小氮浓度，此概念由 Ulrich 于 1952 年最先提出，Ulrich 运用植株干物质重和植株氮浓度建立了幂函数的临界氮浓度稀释模型，即 $N=aW^{-b}$，N 代表植株氮浓度(%)，W 代表植株干物质重($t \cdot hm^{-2}$)，a 代表植株干物质重为 $1\ t \cdot hm^{-2}$ 时的植株氮浓度，b 代表稀释系数(一般情况下 $b<1$，表示临界氮浓度随植株干物质重增加而降低的关系)。1990 年，Greenwood 等在植株生长不受氮素影响的试验条件下，利用马铃薯、豆类、卷心菜、油菜、玉米、高粱等作物的植株干物质重和植株含氮量分别构建了 C_3 和 C_4 植物的临界氮浓度稀释曲线，研究结果表明，C_3 植物的临界氮浓度稀释曲线是 $N=5.7W^{-0.5}$，C_4 植物的临界氮浓度稀释曲线是 $N=4.1W^{-0.5}$。Lemaire 等(1997a)在前人大量研究的基础上，设置了氮素制约的施肥水平，重新构建了 C_3 和 C_4 植物的临界氮浓度稀释曲线，利用多个试验的平均值对 Greenwood 等(1990)建立的临界氮浓度稀释模型进行了修正，重新得到 C_3 植物的临界氮浓度稀释曲线 $N=4.8W^{-0.34}$ 和 C_4 植物的临界氮浓度稀释曲线 $N=3.6W^{-0.34}$。随后，相关学者在牧草、冬小麦、玉米、水稻、油菜、棉花等不同作物上开展了深入的研究(Lemaire et al.，1984；Justes et al.，1994；Colnenne et al.，1998；Xue et al.，2008；Giletto et al.，2012；李正鹏 等，2015)。国内水稻临界氮浓度稀释曲线多集中在南方双季稻区和长江中下游平原地区，而东北地区特别是寒地气候条件下对于水稻临界氮浓度稀释曲线方面的研究较少，尤其是基于叶片干物质重的寒地水稻临界氮浓度稀释曲线尚未见到相关报道。

叶片既是作物光合作用的主要器官，又是作物的生长中心，氮素主要分布在叶片叶绿体内，叶片对氮素反应敏感，因此该器官被应用于作物氮素营养诊断中。相关学者在玉米、小麦、水稻等主要农作物上建立了基于叶片干物质重的临界氮浓度稀释曲线(赵犇 等，2013；Yao et al.，2014ab；王晓玲，2017；马

晓晶 等, 2017; Zhao et al., 2017), 研究结果表明, 同一作物在不同区域种植, a 值存在较大的差异, 说明环境因素和栽培管理措施也对 a 值有一定的影响。b 值因受气候、土壤等环境因素和品种因素的影响, 其大小众学者观点不一, 因此模型中 a 值和 b 值的影响因素仍然需要综合考虑各方面因素再做进一步的深入研究。研究发现, 在 NNI 的计算过程中, 我们所使用的临界氮浓度稀释曲线如果不同, 计算得到的 NNI 也不同, 所以需要针对不同地点、不同作物品种建立相应的临界氮浓度稀释曲线才能够更好地发挥氮素营养诊断的作用。因此本书(即本研究)建立了基于叶片干物质重的黑龙江省寒地粳稻临界氮浓度稀释曲线, 为临界氮浓度理论在黑龙江省寒地粳稻上的应用提供数据基础, 对寒地水稻氮素营养诊断具有重要意义。

2.1　材料与方法

2.1.1　试验地概况

试验于 2016—2018 年在黑龙江省农业科学院五常水稻研究所试验田进行。试验区域处于黑龙江省第一积温带, 属于大陆性季风气候, 春季低温干旱, 夏季高温多雨, 降雨主要集中在 6~8 月, 无霜期在 142 天左右。土壤为黑土, 有机质含量 3.7 g · kg^{-1}, 全氮 2.35 g · kg^{-1}, 全磷 2.15 g · kg^{-1}, 全钾 17.5 g · kg^{-1}, 速效氮 114 ppm[①], 速效磷 37.8 ppm, 速效钾 156 ppm, pH 6.59。

2.1.2　试验设计

本书选用黑龙江省第一积温带主栽的 2 个水稻品种(五优稻 4 号和松粳 9 号)进行大田试验。五优稻 4 号(稻花香 2 号)生育期 147 天, 株高 122 cm 左右, 分蘖能力强; 松粳 9 号生育期 142 天, 株高 100 cm 左右, 分蘖能力强。氮肥设置 5 个水平: 0、60、120、180、240 (kg · hm^{-2}), 分别用 N0、N60、N120、N180、N240 表示。氮肥分 3 次施用, 基肥:返青分蘖肥:穗肥 = 5:3:2, 质量比 N : P : K = 2:1:2, 磷钾肥全部基施。氮肥为尿素和硫酸铵, 磷肥为过磷酸钙, 钾肥为氯化钾。2016—2018 年进行了 3 年田间试验, 小区面积 20 m^2(5 m×4 m), 3 次

---

① 　ppm, 全称 part per million, 1 ppm = 10^{-6}。

重复，随机区组排列，共 30 个小区。采用旱育稀植、大棚育秧等生产技术，2016 年 4 月 10 日育苗，5 月 20 日移栽，9 月 25 日收获；2017 年 4 月 8 日育苗，5 月 18 日移栽，9 月 24 日收获；2018 年 4 月 9 日育苗，5 月 22 日移栽，9 月 25 日收获。株、行距为 30 cm×20 cm，每穴 3 苗。病虫草害防治同常规管理。

2.1.3　测定指标与方法

1. 生育时期调查

移栽缓苗后，对每个小区进行定植，每 7 天测量一次分蘖和株高，并记录生育时期。

2. 叶片干物质重的测定

在水稻生长关键时期(分蘖期、穗分化始期、拔节期、孕穗期、抽穗期)，每个小区取代表性植株 5 株，按茎、叶、穗单独分装标记，将其放置烘箱内，于 105 ℃杀青 30 min，之后 80 ℃下烘干至恒重。用百分之一天平对各器官干物质称重，并根据种植密度折算单位面积叶片干物质重。

3. 水稻叶片含氮量的测定

将烘干至恒重的叶片粉碎，放于自封袋内，在室温下保存至进一步化学分析。采用凯氏定氮法测定叶片含氮量(陆震州，2015)。

4. 成熟期产量的测定

成熟期每处取 3 点，进行产量和构成因素调查，每点选取 1 m²，调查单位面积的有效穗数、穗粒数和千粒重等指标；收获时每个小区取 2 m² 测产，含水率按 14.5%折算测算产量。

2.1.4　模型构建与检验方法

1. 临界氮浓度稀释曲线的构建

根据 Justes 等(1994)提出的构建临界氮浓度稀释曲线理论，构建基于叶片含氮量的临界氮浓度稀释曲线(图2-1)。

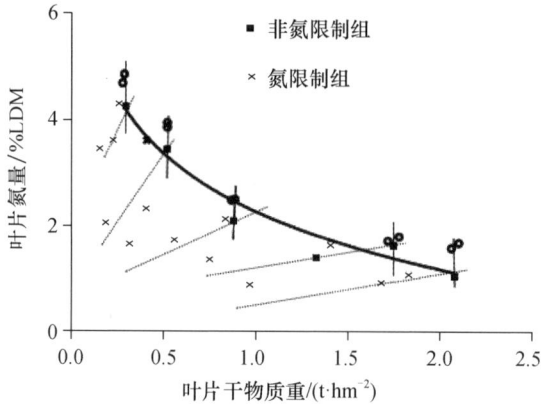

图2-1 叶片临界氮浓度稀释曲线构建示意图

步骤如下。

(1)对比分析不同施氮水平下每次取样后测定的干物质重和叶片含氮量,使用 SPSS 22.0 统计分析软件中广义线性模型(GLM),对叶片干物质重进行方差分析,显著性水平设定为 $p=0.05$,方差分析结果将作物分成两类:受氮素营养限制和不受氮素营养限制。

(2)对于受氮素营养限制的数据,将叶片干物质重与对应的叶片含氮量进行线性拟合,得到叶片干物质重与含氮量的线性模型。

(3)对于不受氮素营养限制的数据,同一取样时期取其叶片干物质重的平均值代表叶片最大干物质重。

(4)每个取样时期的理论临界氮浓度由模型曲线和以最大叶片干物质重为横坐标的垂线相交确定,交点的纵坐标即为理论临界氮浓度。

通过上述方法构建的基于叶片干物质重的临界氮浓度稀释曲线模型(Gastal et al.,2002;Lemaire et al.,2007)为

$$Nc = a * LDM^{-b} \tag{2-1}$$

式中　Nc——水稻临界氮浓度,%;

　　　LDM——叶片干物质重,$t \cdot hm^{-2}$;

　　　a——叶片干物质为 1 $t \cdot hm^{-2}$ 的临界氮浓度,%;

　　　b——临界氮浓度稀释曲线斜率。

2. 氮营养指数 NNI 的构建

为了更精确地反映水稻叶片氮素营养状况，Lemaire 等（1997a）提出了氮营养指数（NNI）的概念，模型表达式为

$$\text{NNI} = \frac{Na}{Nc} \tag{2-2}$$

式中　Na——水稻叶片含氮量实测值，%；

　　　Nc——叶片临界氮浓度，%。

NNI 反映水稻叶片氮素营养状况，当 NNI＝1 时，说明水稻叶片氮营养适宜；当 NNI>1 时，说明水稻叶片氮营养过剩；当 NNI<1 时，说明水稻叶片氮营养不足。

3. 数据使用与模型验证

2016—2017 年，选取 2 个水稻品种（五优稻 4 号和松粳 9 号）在 5 次取样（分蘖期、穗分化始期、拔节期、孕穗期、抽穗期）的叶片临界氮浓度及其对应最大叶片干物质重（不受氮素营养限制点同一取样时期叶片干物质重平均值）数据点构建幂函数氮浓度稀释曲线模型。

用独立的数据点进行模型校验，2018 年选取 2 个水稻品种（五优稻 4 号和松粳 9 号）2 个施氮水平（N120、N180）的实测值和模拟值数据用 RMSE 和 nRMSE 来校验模型，同时将 2018 年 5 次采样的数据按照临界氮浓度稀释曲线构建原理进行方差分析，验证限氮和非限氮数据点在所建曲线的分布位置。

采用国际通用的均方根误差 RMSE 和标准均方根误差 nRMSE 以及 1:1 散点图，检验模型的拟合度和可靠性（Willmott，1982；Yang et al.，2000）。RMSE 和 nRMSE 的计算公式分别为

$$\text{RMSE} = \sqrt{\frac{\sum_{i=1}^{n} (s_i - m_i)^2}{n}} \tag{2-3}$$

$$\text{nRMSE} = \frac{\text{RMSE}}{S} \times 100\%$$

式中　s_i——模拟值；

　　　m_i——观测值；

n——样本数；

S——观测数据的平均值。

RMSE 评价模型精度，RMSE 值越小，说明模拟值与真实值的一致性越好，估计偏差也越小，即模型模拟的精度就越高。

nRMSE 评价模型的稳定性，运用 Jamieson 等（1991）报道的结果，一般认为 nRMSE<10%，表示模型稳定性非常好；10%<nRMSE<20%，表示模型稳定性相对较好；20%<nRMSE<30%，表示模型稳定性一般；nRMSE>30%，表示模型稳定性较差。

本试验采用 Microsoft Excel 2016 和 SPSS 22.0 统计分析软件进行数据计算和方差分析等处理，采用 GraphPad Prism 7.0 绘图软件进行绘图。

2.2　结果与分析

2.2.1　不同施氮水平对寒地水稻叶片干物质重的影响

由图 2-2 可以看出，水稻叶片干物质重随着生育进程的延伸呈现增加的趋势，不同施氮水平下叶片干物质重差异明显。随着氮肥施用量的增加，叶片干物质呈现增加的趋势，当施氮量超过一定范围后叶片干物质重趋于稳定，施氮处理显著高于不施氮处理。

五优稻 4 号水稻品种 2016—2017 年叶片干物质重两年平均值的变化范围为 $0.16\sim2.16\ t\cdot hm^{-2}$，松粳 9 号水稻 2016—2017 年叶片干物质重两年平均值的变化范围为 $0.24\sim3.15\ t\cdot hm^{-2}$，表明松粳 9 号水稻的干物质重高于五优稻 4 号，说明超级稻干物质重生产能力大于优质水稻。2016—2017 年不同生育时期两个品种叶片干物质重平均值和产量相关分析结果表明（表 2-1），水稻各生育时期地上部干物质重累积与产量呈正相关关系，说明水稻生长过程中叶片干物质重越高则产量越高。两个品种水稻叶片干物质重满足下列统计意义上的不等式。

五优稻 4 号：

LDM0<LDM60<LDM120<LDM180=LDM240

松粳 9 号：

LDM0<LDM60<LDM120<LDM180=LDM240

式中 LDM0、LDM60、LDM120、LDM180、LDM240 分别代表水稻在 N0、N60、N120、N180、N240 施氮水平下的叶片干物质重$(t \cdot hm^{-2})$。

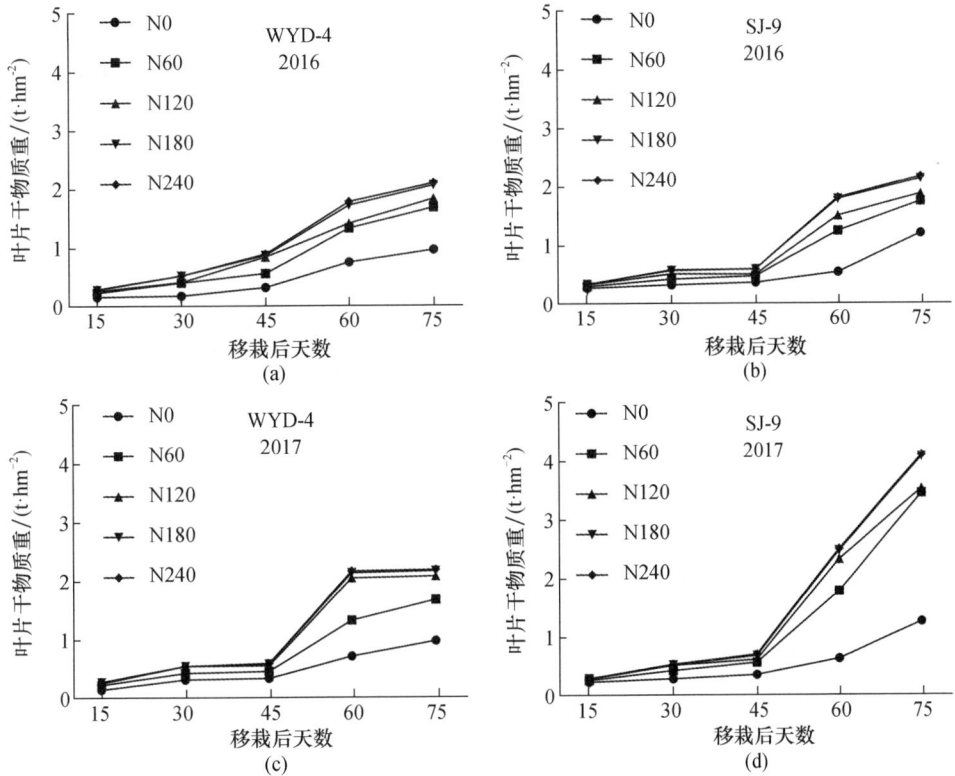

WYD-4—五优稻 4 号水稻品种；SJ-9—松粳 9 号水稻品种；

N0-N240—代表不同施氮水平：0、60、120、180、240 $(kg \cdot hm^{-2})$。

图 2-2　不同施氮水平水稻叶片干物质重随生育进程的变化

因此，将两个品种水稻 N0、N60、N120 处理列入限氮组，将 N180、N240 列入非限氮组，限氮组叶片干物质随施氮水平的增加而增加，非限氮组随施氮水平的增加叶片干物质重增加缓慢。

表 2-1　水稻不同生育时期叶片干物质重与产量的线性决定系数

生育时期	模型	决定系数(R^2)
分蘖期	$y = 2\ 159.8x - 77.162$	0.707^{**}
幼穗分化期	$y = 874.96x + 96.273$	0.717^{**}

表 2-1(续)

生育时期	模型	决定系数(R^2)
拔节期	$y = 378.34x + 272.77$	0.340
孕穗期	$y = 154.37x + 239.39$	0.717**
抽穗期	$y = 86.146x + 298.89$	0.530*

注:** 表示 0.01 显著水平;* 表示 0.05 显著水平;$n = 20$,$r_{0.01} = 0.561$,$r_{0.05} = 0.444$。

2.2.2　不同施氮水平对寒地水稻叶片含氮量的影响

由图 2-3 可以看出,两个水稻品种叶片含氮量均表现出随着施氮水平的增加呈现增加的趋势。从整个生育时期来看,两个品种均表现在分蘖期叶片含氮量最高,随着移栽天数的增加和叶片干物质重的增加,两个水稻品种的叶片含氮量均呈现下降的趋势。五优稻 4 号水稻品种叶片含氮量两年的变化范围是0.85%~4.88%,松粳 9 号水稻品种叶片含氮量两年的变化范围是 0.85%~4.16%。

2.2.3　水稻叶片干物质临界氮浓度稀释曲线的建立

运用 2016—2017 年从分蘖期到抽穗期每个采样日期叶片干物质重在 0.16~3.15 t·hm^{-2} 的 20 个数据点,利用 SPSS 22.0 统计分析软件对叶片干物质重(t·hm^{-2})和叶片含氮量(%LDM)之间进行了回归分析,得到幂函数曲线。

由图 2-4 可以看出,随着水稻叶片干物质重的增长,叶片临界氮浓度呈逐渐下降的趋势,两个水稻品种的临界氮浓度稀释曲线模型均为负幂函数,但是两个品种的模型参数略有差异,分别建立了两个水稻品种的临界氮浓度稀释曲线的拟合方程。

五优稻 4 号:

$$Nc = 1.96 \, LDM^{-0.56}, \quad R^2 = 0.87 \quad (p < 0.01) \tag{2-4}$$

松粳 9 号:

$$Nc = 1.99 \, LDM^{-0.44}, \quad R^2 = 0.94 \quad (p < 0.01) \tag{2-5}$$

两个品种的临界氮浓度变化曲线方程形式符合 Greenwood 等(1990)提出的假设,说明本研究得到的方程适宜表征水稻植株叶片含氮量与叶片干物质重之间的关系。

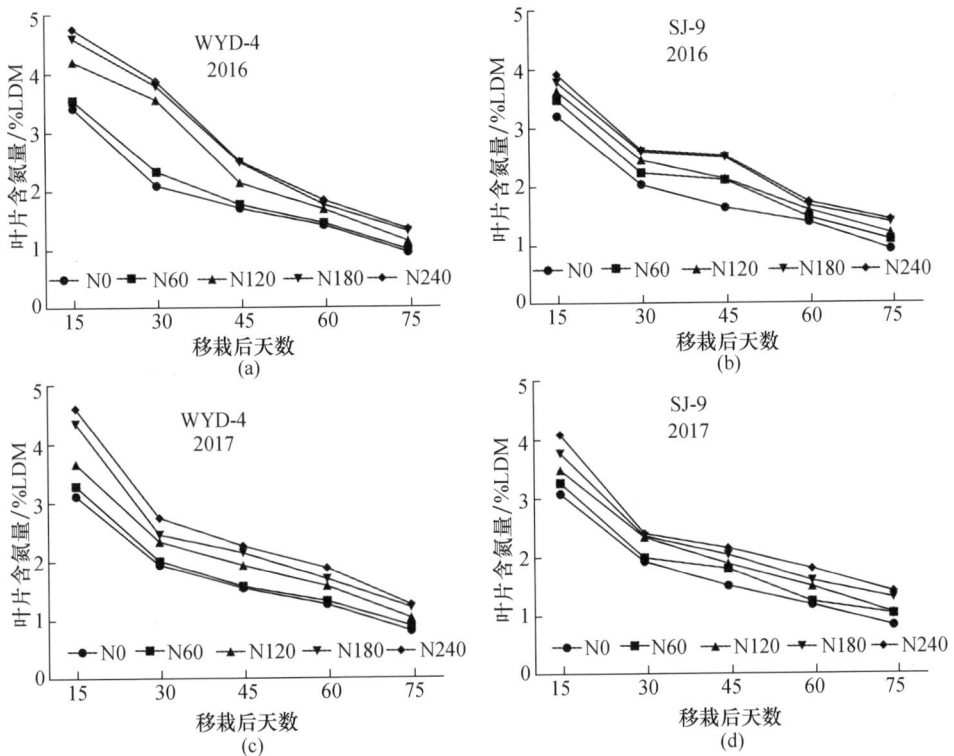

WYD-4—五优稻 4 号水稻品种；SJ-9—松粳 9 号水稻品种；

N0-N240—不同施氮水平：0、60、120、180、240（kg·hm^{-2}）。

图 2-3　不同施氮水平水稻叶片含氮量随生育进程的变化

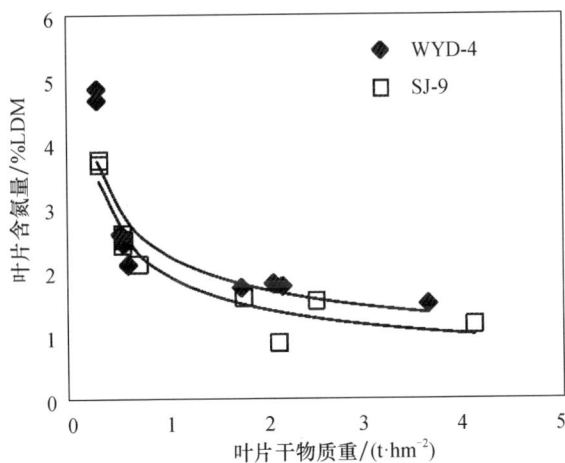

WYD-4—五优稻 4 号水稻品种；SJ-9—松粳 9 号水稻品种。

图 2-4　寒地水稻叶片临界氮浓度稀释曲线

2.2.4 叶片临界氮浓度稀释模型的验证

本研究采用了国际上公认的临界氮浓度稀释曲线验证方法进行验证，将 2018 年的干物质重数据在每个采样日期进行方差分析，得到氮限制和非氮限制两类数据，分别带入上述新建模型中，如图 2-5 所示，均符合临界氮浓度曲线的分布规律，即基于叶片干物质重建立的临界氮浓度稀释曲线很好地区分了在不同施氮水平下生长的水稻，来自氮限制处理的所有数据点均接近或低于 Nc 稀释曲线，而来自非氮限制处理的数据点则接近或高于 Nc 稀释曲线。

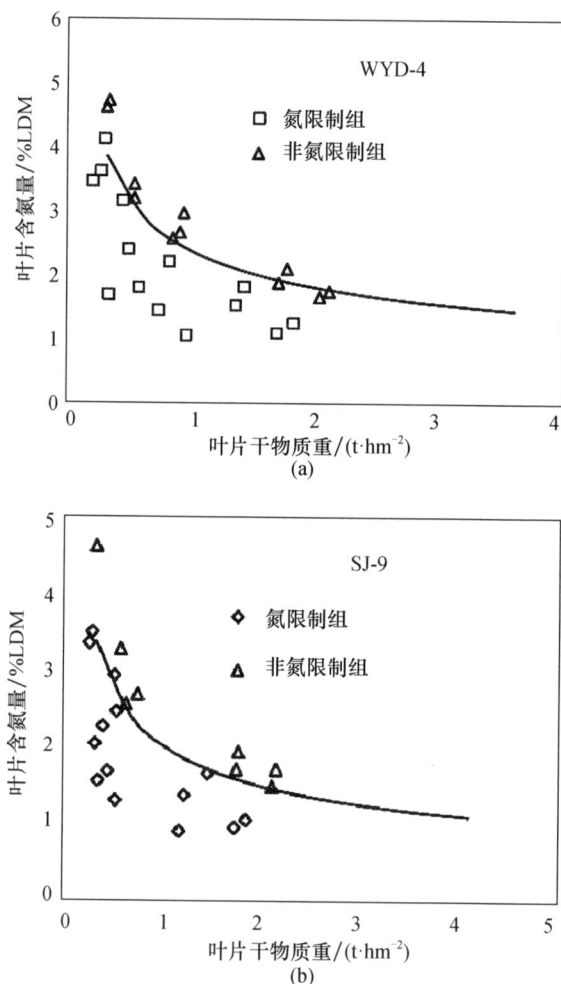

WYD-4—五优稻 4 号水稻品种；SJ-9—松粳 9 号水稻品种。

图 2-5 基于叶片的水稻临界氮浓度稀释曲线模型验证

　　与此同时，本研究使用了 2018 年两个水稻(N120、N180)取样点的数据用均方根误差 RMSE 和标准均方根误差 nRMSE 进行了双重验证。如图 2-6 所示，两品种水稻 Nc 模拟值与观察值之间关系可用 1:1 散点图来显示。五优稻 4 号水稻品种的均方根误差 RMSE=0.31，标准均方根误差 nRMSE=13.07%；松粳 9 号水稻品种的均方根误差 RMSE=0.37，标准均方根误差 nRMSE=15.89%。因此，在两种验证结果下，基于叶片干物质重建立的 Nc 模型可靠性和稳定度都较高，所以新建的水稻叶片临界氮浓度稀释曲线模型可用于后续的水稻氮素营养诊断。

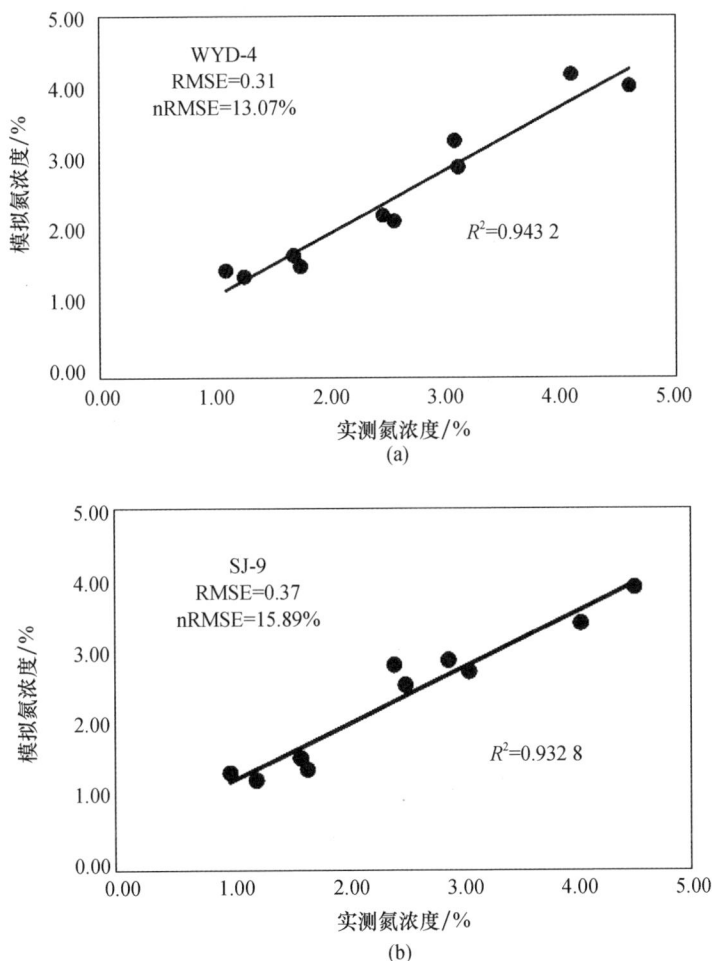

WYD-4—五优稻 4 号水稻品种；SJ-9—松粳 9 号水稻品种；$n=10$，$r_{0.01}=0.765$。

图 2-6　水稻叶片临界氮浓度稀释曲线模型验证

2.2.5 不同施氮水平对水稻叶片氮营养指数的影响

由图2-7可见，本研究计算了2016—2017年不同施氮水平与不同生育时期的NNI，量化了叶片的氮营养状况。依据氮营养指数(NNI)的评价体系，将NNI与数值"1"的大小关系来划分氮亏缺、氮适宜、氮过量。

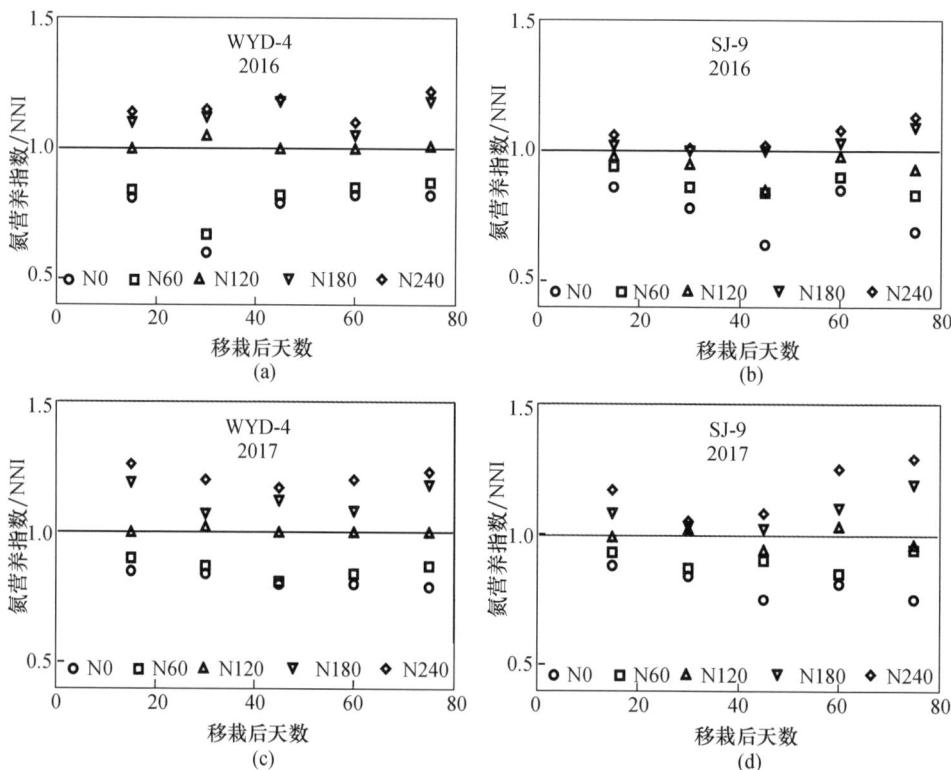

WYD-4—五优稻4号水稻品种；SJ-9—松粳9号水稻品种；
N0-N240—不同施氮水平：0、60、120、180、240（kg·hm⁻²）。

图2-7 不同施氮水平对水稻氮营养指数的影响

由表2-2可知，对五优稻4号水稻品种来说，N0和N60的NNI均小于1，N180和N240的NNI均大于1，N120的NNI在1附近波动，因此，五优稻4号水稻品种在不施肥和施氮量60 kg·hm⁻²时NNI<1体内氮素水平处于亏缺状态；施氮量超过180 kg·hm⁻²（含）时NNI>1，体内氮素水平处于氮过剩状态，施氮量大于60 kg·hm⁻²且小于或等于120 kg·hm⁻²时NNI≈1，体内氮素营养水平适中。对于松粳9号水稻品种来说，N0、N60、N120的NNI基本上都小于1，N240的

NNI 均大于 1，N180 的 NNI 在 1 附近波动，因此，松粳 9 号水稻品种在不施肥、施氮量 60 kg·hm^{-2}、施氮量 120 kg·hm^{-2} 时 NNI<1，体内氮素水平处于亏缺状态；施氮量超过 240 kg·hm^{-2}（含）时 NNI>1，体内氮素水平处于氮过剩状态，施氮量大于 120 kg·hm^{-2} 且小于或等于 180 kg·hm^{-2} 时 NNI≈1，体内氮素营养水平适中。NNI 的诊断结果符合两个品种的特征特性，不同类型水稻品种对氮肥敏感性不同。

表 2-2　施氮水平对水稻氮营养指数的影响

品种	生育时期	施氮水平				
		N0	N60	N120	N180	N240
五优稻 4 号-2016（WYD-4-2016）	分蘖期	0.81	0.84	1.00	1.10	1.14
	幼穗分化期	0.60	0.67	1.05	1.12	1.15
	拔节期	0.79	0.82	1.00	1.18	1.19
	孕穗期	0.82	0.85	1.00	1.05	1.10
	抽穗期	0.82	0.87	1.01	1.18	1.22
松粳 9 号-2016（SJ-9-2016）	分蘖期	0.86	0.94	0.98	1.02	1.06
	幼穗分化期	0.78	0.86	0.95	1.00	1.23
松粳 9 号-2016（SJ-9-2016）	拔节期	0.64	0.84	0.85	1.00	1.20
	孕穗期	0.85	0.90	0.98	1.03	1.08
	抽穗期	0.69	0.83	0.93	1.09	1.13
五优稻 4 号-2017（WYD-4-2016）	分蘖期	0.85	0.90	1.00	1.19	1.26
	幼穗分化期	0.84	0.87	1.02	1.07	1.20
	拔节期	0.80	0.81	1.00	1.12	1.17
	孕穗期	0.80	0.84	1.00	1.08	1.20
	抽穗期	0.79	0.87	1.00	1.18	1.23
松粳 9 号-2017（SJ-9-2017）	分蘖期	0.88	0.93	0.99	1.08	1.17
	幼穗分化期	0.84	0.87	0.98	1.03	1.05
	拔节期	0.75	0.90	0.94	1.02	1.08
	孕穗期	0.81	0.85	1.03	1.08	1.25
	抽穗期	0.75	0.94	0.96	1.06	1.29

2.2.6 氮素水平对产量构成因素和产量的影响

由表2-3可知，随着施氮水平的升高，单位面积的有效穗数、每穗粒数、产量呈增加的趋势；结实率随着施氮水平的增加而降低；千粒重随施氮水平变化幅度不明显。不施氮处理两个品种单位面积有效穗数均最低，结实率最高。高氮水平两个品种的结实率都最低。随着施氮水平的增加，产量逐渐增加，当施氮量超过一定范围后产量增加不明显。五优稻4号水稻品种施氮120 kg·hm^{-2}时实测产量最高，2016年为490.29 kg/亩，2017年为511.00 kg/亩；松粳9号水稻品种施氮180 kg·hm^{-2}时实测产量最高，2016年为619.17 kg/亩，2017年为648.08 kg/亩。2016—2017年两个水稻品种的不同施氮水平下产量数据结果进一步验证了图2-7氮营养指数的诊断结果。

表2-3 不同施氮处理对产量构成因素和产量的影响

品种	N	有效穗数（m^2）	每穗粒数	结实率（%）	千粒重（g）	实测产量（kg/亩）
松粳9号（SJ9-2016）	N0	167.00d	126.20c	98.20a	24.80a	331.31d
	N60	200.40c	121.50c	97.30a	25.10a	383.85c
	N120	267.20b	134.50b	91.30b	25.10a	531.62b
	N180	334.00a	134.20b	85.60c	25.00a	619.17a
	N240	334.00a	146.70a	76.63d	24.80a	601.07a
松粳9号（SJ9-2017）	N0	183.7d	126.30b	96.20a	24.80a	357.30d
	N60	200.4c	133.20a	95.40a	25.10a	412.59c
	N120	323.98b	131.20a	80.26b	25.10a	552.74b
	N180	377.42a	129.86b	82.60b	24.80a	648.08a
	N240	374.08a	139.40a	76.63c	24.80a	639.70a
五优稻4号（WYD4-2016）	N0	200.04d	99.90c	94.70a	25.10b	307.18c
	N60	200.04c	112.40b	94.20a	26.10a	357.48b
	N120	250.5b	126.70a	92.40b	25.90a	490.29a
	N180	308.95a	119.80b	81.30c	25.10b	487.54a
	N240	317.30a	131.30a	72.10d	25.10b	486.68a

表 2-3（续）

品种	N	有效穗数（m²）	每穗粒数	结实率（%）	千粒重（g）	实测产量（kg/亩）
五优稻 4 号（WYD4-2017）	N0	183.7d	114.00c	94.70a	25.10b	321.32c
	N60	200.4c	120.30b	95.80a	26.10a	389.11b
	N120	263.86b	125.50a	92.30a	25.90a	511.00a
	N180	290.58a	121.40b	86.70b	25.60ab	505.41a
	N240	300.6a	131.58a	77.90c	25.30b	503.20a

注：同一列同一品种小写字母表示方差分析达显著水平。

2.3　讨论与结论

2.3.1　讨论

临界氮浓度稀释曲线及其氮营养指数是氮素营养诊断的基本依据，在国内外广泛应用。本研究与 Sheehy 等建立的临界氮浓度稀释曲线模型参数进行了对比分析（表 2-4），本研究中新建的叶片临界氮浓度曲线模型参数比前人（Sheehy et al.，1998；Ata-Ul-Karim et al.，2013；Yang et al.，2014；Ata-Ul-Karim et al.，2014b；Yao et al.，2014a；Wang et al.，2016；钟一鸣，2016；He et al.，2017；Lv et al.，2018；Huang et al.，2018；曹强 等，2020）研究的模型参数低。

表 2-4　水稻临界氮浓度汇总表

地区	不同地区的品种	模型 $Nc = 5.2PDM^{-0.5}$
中国南部稻区	中嘉早 17，潭两优 83 天优华占，岳优 9113，湘优 186 等	早稻：$Nc = 3.37 PDM^{-0.44}$ 晚稻：$Nc = 3.69 PDM^{-0.34}$
中国南部稻区	南粳 46，南粳 48，武育粳 24 等	$Nc = 3.33 PDM^{-0.26}$
中国南部稻区	Y 两优 1，超优千号，金农丝苗，粤农丝苗等	杂交稻：$Nc = 3.36 PDM^{-0.31}$ 常规稻：$Nc = 2.96 PDM^{-0.25}$

表 2-4(续)

地区	不同地区的品种	模型 $Nc=5.2PDM^{-0.5}$
中国南部稻区	秀水 63，杭 43	秀水 63：$Nc=5.31\ PDM^{-0.5}$ 杭 43：$Nc=5.38\ PDM^{-0.49}$
中国南部稻区	杭 43	2013-杭 43：$Nc=5.38\ PDM^{-0.49}$ 2015-杭 43：$Nc=4.29\ PDM^{-0.55}$
中国东北稻区	空育 131，龙粳 31	$Nc=2.77\ PDM^{-0.34}$
中国南部稻区	陵香优 18，武香粳 14 等	$Nc=3.53\ PDM^{-0.28}$
中国南部稻区	陵香优 18，武香粳 14 等	$Nc=3.76\ LDM^{-0.22}$
中国南部稻区	陵香优 18，武香粳 14 等	$Nc=2.17\ SDM^{-0.27}$
中国南部稻区	陵香优 18，武香粳 14 等	$Nc=3.70\ LAI^{-0.35}$
中国南部稻区	中嘉早 17，潭两优 83，天优华占，岳优 9113，湘优 186 等	早稻：$Nc=1.726\ 8\ LAI^{-0.283}$ 晚稻：$Nc=1.619\ 4\ LAI^{-0.97}$
中国南部稻区	武香粳 14，武育粳 24，籼优 63，Y 两优 1 号等	籼稻：$Nc=3.25\ LAI^{-0.34}$ 粳稻：$Nc=3.51\ LAI^{-0.31}$

　　国内研究学者建立的水稻临界氮浓度稀释曲线 a 值范围为 2.17~5.38，b 值范围在 0.25~0.66，本研究建立的两个临界氮浓度稀释曲线 a 值为 1.96~1.99，b 值为 0.44~0.56，系数 a 和 b 值与前人研究结果不同。综合分析国内学者在玉米、水稻、小麦等三大作物建立的临界氮浓度稀释曲线可知，试验区域、试验时间、试验品种和环境气候等因素都会影响稀释曲线的系数。例如在同一区域选用相同的作物品种，所建立的临界氮浓度稀释曲线系数 a 和 b 值都存在较大的差异(李正鹏 等，2015；岳松华 等，2016；张娟娟 等，2017；Yin et al.，2018)，说明了试验年份和试验地点对稀释曲线系数 a 和 b 有影响。另外，在同一个研究中选用的不同作物品种所建立的临界氮浓度稀释曲线系数 a 和 b 也不同，这与本研究结果类似，说明品种也是稀释曲线系数 a 和 b 的影响因素之一。同时，赵犇(2012)和 Yao 等(2014a)分别在小麦和水稻上的研究结果表明，系数 a 值与籽粒蛋白质含量和作物生长周期有关，籽粒蛋白质含量越高系数 a 越高，这与本研究结果一致，本研究选用的两个品种籽粒蛋白质含量分别是五优稻 4 号平均 7.3%，松粳 9 号平均 8.03%，所建模型五优稻 4 号系数 a(1.96)低于松粳 9 号(1.99)。

表 2-4 综合分析了国内水稻临界氮浓度稀释曲线，前人分别用植株干物质（PDM）、叶片干物质（LDM）、茎秆干物质（SDM）、叶面积指数（LAI）、归一化植被指数（NDVI）等多个角度建立的不同器官、不同指标的临界氮浓度稀释曲线，所建立的曲线大多在我国南方稻区。Ata-Ul-Karim 等（2014a）认为基于 LAI 建立的稀释曲线在全生育期诊断效果较差，仅能在水稻抽穗前进行氮素营养诊断。陆震洲（2015）基于 NDVI 建立了稀释曲线，研究结果表明，籼粳稻对系数 b 影响大，分析原因可能是籼粳稻对氮肥的吸收特性存在差异。

王晓玲等（2017）在同一试验地点，同一小麦品种分不同器官（叶、茎、植株）构建了不同的稀释曲线模型，发现基于茎秆干物质的稀释曲线与基于植株干物质得到的稀释曲线相关性好。同时发现基于叶片干物质建立的稀释曲线系数 a 低于基于植株干物质建立的稀释曲线，分析原因是当叶片干物质达到 $1\ \mathrm{t\cdot hm^{-2}}$ 时，植株干物质早已超过 $1\ \mathrm{t\cdot hm^{-2}}$，但是 Ata-Ul-Karim 等（2013）和 Yao 等（2014a）在水稻上同一试验田，同一试验品种基于叶片干物质建立的稀释曲线系数 a 比基于植株干物质建立的稀释曲线高，在两个不同的作物中得到了相反的结果。寒地水稻不同器官建立的临界氮浓度稀释曲线仍需进一步探讨。

本研究建立的稀释曲线系数 a 低于南方稻区建立稀释曲线系数，可能是气候的不同造成的，南方稻区较黑龙江多 2 000 ℃有效积温。因此对于稀释曲线系数 a 和 b 的影响因素仍然需要综合考虑各个方面因素进行深入的研究，模型系数与诸多因素有关，因此，要针对不同地点、不同作物品种、不同器官及指标建立相应的临界氮浓度稀释曲线才能够更好地发挥氮素营养诊断的作用。

2.3.2　结论

叶片干物重随着生育进程呈现逐渐增加的趋势，但是在同一生育时期过量施用氮肥叶片干物重增加不明显。叶片含氮量，随着生育进程呈现逐渐下降的趋势，在同一生育时期高氮水平导致植株叶片含氮量相对较高。基于叶片干物质构建的寒地水稻临界氮浓度稀释曲线模型符合临界氮浓度曲线的分布规律。

五优稻 4 号：

$$Nc = 1.96\mathrm{LDM}^{-0.56},\ R^2 = 0.87\quad(p<0.01)$$

松粳 9 号：

$$Nc = 1.99\mathrm{LDM}^{-0.44},\ R^2 = 0.94\quad(p<0.01)$$

经验证，五优稻 4 号水稻品种的均方根误差 RMSE 为 0.31，标准均方根误差 nRMSE 为 13.07%；松粳 9 号水稻品种的均方根误差 RMSE 为 0.37，标准均方根误差 nRMSE 为 15.89%，模型可靠性和稳定性较好。模型系数受品种类型、气候、生态环境等多种因素影响，而 NNI 是基于临界氮浓度稀释曲线建立的评价作物氮营养状态的指标之一，因此黑龙江省需要选用不同类型的水稻品种，在不同的生态区建立临界氮浓度稀释曲线模型，来评价本省寒地水稻情况，进而用于精准氮管理中。基于氮营养指数理论，本研究在黑龙江省第一积温带五优稻 4 号水稻品种推荐施氮用量不宜超过 120 kg·hm^{-2}，松粳 9 号水稻品种的推荐施氮用量不宜超过 180 kg·hm^{-2}。

参 考 文 献

曹强，田兴帅，马吉锋，等，2020. 中国三大粮食作物临界氮浓度稀释曲线研究进展[J]. 南京农业大学学报，43(03)：392-402.

李正鹏，宋明丹，冯浩，2015. 关中地区玉米临界氮浓度稀释曲线的建立和验证[J]. 农业工程学报，31(13)：135-141.

陆震洲，2015. 长江下游稻作区水稻临界氮浓度和光谱指数模型研究[D]. 南京：南京农业大学.

吴方明，张淼，吴炳方，2019. 无人机影像的面向对象水稻种植面积快速提取[J]. 地球信息科学学报，21(5)：789-798.

武婕，李玉环，李增兵，等，2014. 基于 SPOT-5 遥感影像估算玉米成熟期地上生物量及其碳氮累积量[J]. 植物营养与肥料学报，20(1)：64-74.

武旭梅，常庆瑞，落莉莉，等，2019. 水稻冠层叶绿素含量高光谱估算模型[J]. 干旱地区农业研究，37(3)：238-243.

王晓玲，2017. 长江中下游稻麦两熟区冬小麦植株器官临界氮浓度模型构建及氮素诊断调控研究[D]. 南京：南京农业大学.

薛利红，曹卫星，罗卫红，等，2003. 基于冠层反射光谱的水稻群体叶片氮素状况监测[J]. 中国农业科学，36(7)：807-812.

岳松华，刘春雨，黄玉芳，等，2016. 豫中地区冬小麦临界氮稀释曲线与氮营养指数模型的建立[J]. 作物学报，42(6)：909-916.

杨雪, 2015. 稻麦两熟区冬小麦适宜氮素指标动态模型构建与追氮调控研究 [D]. 南京: 南京农业大学.

杨红云, 周琼, 杨珺, 等, 2019. 基于高光谱的水稻叶片氮素营养诊断研究[J]. 浙江农业学报, 31(10): 1575-1582.

俞敏祎, 余凯凯, 费聪, 等, 2019. 水稻冠层叶片 SPAD 数值变化特征及氮素营养诊断[J]. 浙江农林大学学报, 36(05)950-956.

银敏华, 李援农, 李昊, 等, 2016. 氮肥运筹对夏玉米根系生长与氮素利用的影响[J]. 农业机械学报, 7(6): 129-138.

姚国新, 高山, 陈素生, 2003. 水稻旱直播的国内外研究进展[J]. 农业科学研究, 24(2): 63-67.

姚霞, 刘小军, 田永超, 等, 2013. 基于星载通道光谱指数与小麦冠层叶片氮素营养指标的定量关系[J]. 应用生态学报, 24(2): 431-437.

袁召锋, 2016. 基于 SPAD 值的水稻氮素营养诊断与调控研究[D]. 南京: 南京农业大学.

闫昱光, 2019. 基于多光谱图像的水稻估产模型研究[D]. 哈尔滨: 东北农业大学.

张娟娟, 杜盼, 郭建彪, 等, 2017. 不同氮效率小麦品种临界氮浓度模型与营养诊断研究.[J]. 麦类作物学报, 37(11): 1480-1488.

詹国祥, 康丽芳, 端木和林, 2020. 极飞 P20 无人机水稻病虫害飞防效果试验与分析[J]. 农业装备技术, 46(1): 18-19.

钟一铭, 2016. 水稻叶片氮素营养快速诊断及稻田温室气体排放特征研究[D]. 杭州: 浙江大学.

赵满兴, 周建斌, 翟丙年, 等, 2005. 旱地不同冬小麦品种氮素营养的叶绿素诊断[J]. 植物营养与肥料学报, 11(4): 461-466.

赵天成, 刘汝亮, 李友宏, 等, 2008. 用叶绿素仪预测水稻氮肥施用量的研究[J]. 宁夏农林科技, 6: 9-11.

赵犇, 2012. 小麦临界氮浓度稀释模型构建及氮素诊断研究[D]. 南京: 南京农业大学.

赵犇, 姚霞, 田永超, 等, 2013. 基于上部叶片 SPAD 值估算小麦氮营养指数[J]. 生态学报, 33(3): 916-924.

❖ 赵越, 2017. 基于高光谱的寒地水稻叶片氮素营养诊断研究[D]. 哈尔滨: 东北农业大学.

臧英, 侯晓博, 汪沛, 等, 2019. 基于无人机遥感技术的黄华占水稻施肥决策模型研究[J]. 沈阳农业大学学报, 50(3): 324-330.

ATA-UL-KARIM S T, YAO X, LIU X J, et al., 2013 Development of critical nitrogen dilution curve of Japonica rice in Yangtze River Reaches[J]. Field Crops Research, 149: 149-158.

ATA-UL-KARIM S T, ZHU Y, YAO X, et al., 2014a. Dertermination of critical nitrogen dilution curve based on leaf area index in rice[J]. Field Crops Research, 167: 76-85.

ATA-UL-KARIM S T, YAO X, LIU X J, et al., 2014b. Dertermination of critical nitrogen dilution curve basedon stem dry matter in rice[J]. Plos One, 9(8): e104540.

COLNENNE C, MEYNARD J M, REAU R, et al., 1998. Dertermination of a critical nitrogen dilution curve for winter oilseed rape[J]. Annals of Botany, 81(2): 311-317.

CORCOLES J I, ORTEGA J F, HERNANDEZ D, et al., 2013. Estimation of leaf area index in onion (Allium cepa L.) using an unmanned aerial vehicle[J]. Biosystems Engineering, 115(1): 31-42.

CHEN Q C, TIAN Y C, XIA Y, et al., 2014. Comparison of five nitrogen dressing methods to optimize rice growth[J]. Plant Production Science, 17(1): 66-80.

CILIA C, PANIGADA C, ROSSINI M, et al., 2014. Nitrogen status assessment for variable rate fertilization in maize through hyperspectral imagery[J]. Remote Sensing, 6(7): 6549-6565.

DEVIENNE B F, JUSTE E, MACHET J M, et al., 2000. Integrated control of nitrate uptake by crop growth rate and soil nitrate availability under field conditions[J]. Annals of Botany, 86: 995-1005.

DEBAEKE P, ROUET P, JUSTES E, 2006. Relationship between the normalized SPAD index and the nitrogen nutrition index: application to durum wheat[J]. Journal of Plant Nutrition and soil science, 29(1): 75-92.

EVANS J R, SEEMAXM J R, 1984. Difference between wheat genotypes in specific activity of ribulose − 1, 5 − bisphosphate carboxylase and the relationship to photosynthesis[J]. Plant Physiology, 74(4): 759−765.

EITEL J U H, LONG D S, GESSLER P E, et al., 2007. Using in-situ measurements to evaluate the new RapidEye™ satellite series for prediction of wheat nion status [J]. International Journal of Remote Sensing, 28(17−18): 4183−4190.

ESFAHANI M, ABBASI H, RABIEI B, et al., 2008. Improvement of nitrogen management in rice paddy fields using chlorophyll meter(SPAD)[J]. Paddy and Water Environment, 6(2): 181−188.

FAGERIA N K, 2007. Yield physiology of rice [J]. Journal of Plant Nutrition, 30(6): 843−879.

GABRIELLE B, DENOROY P, GOSSE G, et al., 1998. Development and evaluation of a CERES−type model for winter oilseed rape[J]. Field Crops Research, 57(1): 95−111.

GREENWOOD D J, LEMAIRE G, GOSSE G, et al., 1990. Decline in percentage N of C3 and C4 crops with increasing plant mass[J]. Annals of Botany, 66(4): 425−436.

GRINDLAY D J C, 1997. Towards an explanation of crop nitrogen demand based on the optimization of leaf nitrogen per unit leaf area[J]. The Journal of Agricultural Science, 128(4): 377−396.

GASTAL F, LEMAIRE G, 2002. N uptake and distribution in crops: an agronomical and ecophysiological perspective[J]. Journal of experimental botany, 53: 789−799.

GROHS D S, BREDEMEIER C, MUNDSTOCK C M, et al., 2009. Poletto N Model for yield potential estimation in wheat and barley using the Green Seeker sensor [J]. Frontiers of Agricultural Science and Engineering, 29(1): 101−112.

GILETTO C M, ECHEVERRÍA H E, 2012. Critical nitrogen dilution curve for processing potato in argentinean humid pampas [J]. American Journal of Potato Research, 89(2): 102−110.

LV R J, SHANG Q Y, CHEN L, et al., 2018. Plant study on diagnosis of nitrogen nutrition in rice based on critical nitrogen concentration[J]. Journal Plant Nutrition

✤ and soil Science, 5: 1396-1405.

HEL B O, SOLHAUG K A, 1998. Effect of irradiance on chlorophyll estimation with the Minolta SPAD-502 leaf chlorophyll meter[J]. Annals of Botany, 82(3): 389-392.

HUANG S Y, MIAO Y X, CAO Q, et al., 2018. A new critical nitrogen dilution curve for rice nitrogen status diagnosis in Northeast China [J]. Pedosphere, 28(5): 814-822.

WANG Y, SHI PH, ZHANG G, et al., 2016. A critical nitrogen dilution curve for Japonica rice based on canopy images [J]. Field Crops Research, 198: 93-100.

YANG H, YANG J P, LV YM, et al., 2014. SPAD values and nitrogen nutrition index for the evaluation of rice nitrogen status [J]. Plant Production Science, 17(1): 81-92.

YANG J, GREENWOOD D J, ROWELL D L, et al., 2000. Statistical methods for evaluating a crop nitrogen simulation model. [J]. Agricultural Systems, 64: 37-53.

YAO X, ATA-Ul-KARIM S T, ZHU Y, et al., 2014a. Development of critical nitrogen dilution curve in rice based on leaf dry matter [J]. European Journal of Agronomy, 55: 20-28.

YIN M H, LI Y N, XU L Q, et al., 2018. Nutrition diagnosis for nitrogen in winter wheat based on critical nitrogen dilution curves [J]. Crop Science, 58 (1): 416-425.

HE Z Y, QIU X L, ATA-UL-KARIM S T, et al., 2017. Development of a critical nitrogen dilution curve of double cropping rice in south China[J]. Frontiers in Plant Science, 8: 638.

HOOGMOED M, NEUHAUS A, NOACK S, et al., 2018. Benchmarking wheat yield against crop nitrogen status[J]. Field Crops Research, 2220: 153-163.

HUANG S Y, MIAO Y X, ZHAO G M, et al., 2013. Estimating rice nitrogen status with satellite remote sensing in northeast China [C]//International Conference on Agro-Geoinformatics.

HUANG S Y, MIAO Y X, ZHAO G M, et al., 2015. Satellite remote sensing-based in-season diagnosis of rice nitrogen status in northeast China[J]. Remote Sensing,

7(8): 10646-10667.

HUANG S Y, MIAO Y X, CAO Q, et al. , 2018. A new critical nitrogen dilution curve for rice nitrogen status diagnosis in northeast China[J] . Pedosphere, 28(5): 814-822.

JAMIESON P D, PORTER J R, WILSON D R, 1991. A test of the computer simulation model ARCWHEAT1 on wheat crops grown in New Zealand[J] . Field Crops Research, 27(4): 337-350.

SHEEHY J E, DIONORA M J A, MITCHELL P L, et al. , 1998. Critical nitrogen concentrations: implications for high-yielding rice (Oryza sativa L.) cultivars in the tropics[J] . Field Crops Research, 59(1): 31-41.

WILLMOTT CJ, 1982. Some Comments on the evaluation of model performance [J] . Bulletin of the American Meteorological Socirty, 63(11): 1309-1313.

第 3 章　基于 SPAD 的水稻氮素营养指数 估算模型构建与验证

氮肥是影响水稻产量的重要营养元素之一（Cassman et al.，1998）。合理施用氮肥并对其进行检测，提高氮肥利用率，可以提高水稻产量，并减少肥料对环境产生的负效应。常见的氮素营养诊断方法主要有田间经验法（需要丰富的诊断经验）、化学分析法（费时费力且具有滞后性）和无损诊断技术。无损诊断技术包括叶绿素仪诊断、光谱遥感技术、图像识别及机器视觉诊断（王远，2015；祝锦霞，2010；俞敏祎，2019；藏英 等，2019）等，随着科技的发展，现代化的氮素营养诊断手段越来越多，选择一种高效、无损、准确的氮素营养诊断方法，指导水稻生产科学合理施肥，对农业发展具有重要战略意义。

SPAD-502 是最常用的无损氮素检测仪器之一，在使用叶绿素仪指导精准施肥方面，研究初期大多数的学者主要探讨顶 1 叶 SPAD 值与植株含氮量之间的相关关系（Balasubramanian et al.，2000），随后学者们研究发现植株叶绿素含量不仅与作物品种（吴良欢 等，1999；金军 等，2003；贺帆，2006）、生育时期（Peng et al.，1993）、叶片测试位点（贾良良 等，2001）和生长环境因素（Kundu et al.，1995；陈防 等，1996；Balasubramanian et al.，1998；Hel et al.1998；钟旭华 等，2006；陈晓群 等，2010）有关，还与作物叶片形态因子（长、宽、厚等）（Peng et al.，1996；吕川根 等，2005）和氮素在植株体内的运转方式有关，因此又开展了不同叶位以及归一化 SPAD 指数与植株含氮量之间的相关关系研究。研究结果表明，下位叶 SPAD 值更能反映植株体内氮素含量（沈掌泉 等，2002；Zhou et al.，2003），尤其是水稻顶 3 叶（江立庚 等，2004；李刚华 等，2005；李刚华 等，2007；张耀鸿 等，2008；陈晓阳 等，2013）或水稻顶 4 叶（王绍华 等，2002；姜继萍 等，2012；何俊俊 等，2014）是诊断水稻氮素营养状况的指示叶。距离水稻叶片基部二分之一处（贾良良 等，2001；郭晓艺 等，2010）或三分之二处（李刚华 等，2005；Tarkalson et al.，2008；Esfahani et al.，2008；

郭晓艺 等，2010；Lin et al.，2010；袁召锋，2016）是 SPAD 仪测试的最佳位点。

前人研究结果表明，叶绿素仪读数受品种、年份、生态区域、生育时期等因素影响较大，限制了叶绿素仪的推广应用。氮营养指数法是一种比较新的作物氮素诊断方法，其因不受品种、年份等因素的影响被广泛应用于作物氮素营养诊断中。东北地区特别是黑龙江省寒地气候条件下基于 SPAD 值的氮营养指数诊断作物氮素状况的研究尚未见到相关报道，因此，在前人研究的基础上，本研究拟通过建立基于 SPAD 值的水稻 NNI 氮素估算模型并进行验证，以期进一步为基于 SPAD 值的寒地粳稻氮肥管理及田块尺度实施氮素无损诊断提供方法借鉴。

3.1　材料与方法

3.1.1　试验地概况

试验于 2016—2018 年在黑龙江省农业科学院五常水稻研究所试验田进行。试验区域处于黑龙江省第一积温带，属于大陆性季风气候，春季低温干旱，夏季高温多雨，降雨主要集中在 6~8 月，无霜期在 142 天左右。土壤为黑土，有机质含量 3.7 g·kg^{-1}，全氮 2.35 g·kg^{-1}，全磷 2.15 g·kg^{-1}，全钾 17.5 g·kg^{-1}，速效氮 114 ppm，速效磷 37.8 ppm，速效钾 156 ppm，pH 6.59。

3.1.2　试验设计

本书选用黑龙江省第一积温带主栽的 2 个水稻品种(五优稻 4 号和松粳 9 号)进行大田试验。五优稻 4 号(稻花香 2 号)生育期 147 天，株高 122 cm 左右，分蘖能力强；松粳 9 号生育期 142 天，株高 100 cm 左右，分蘖能力强。氮肥设置 5 个水平：0、60、120、180、240（kg·hm^{-2}），分别用 N0、N60、N120、N180、N240 表示。氮肥分 3 次施用，基肥:返青分蘖肥:穗肥 = 5:3:2，质量比 N : P : K = 2:1:2，磷钾肥全部基施。氮肥为尿素和硫酸铵，磷肥为过磷酸钙，钾肥为氯化钾。2016—2018 年进行了 3 年田间试验，小区面积 20 m^2(5 m×4 m)，3 次重复，随机区组排列，共 30 个小区。采用旱育稀植、大棚育秧等生产技术，

2016 年 4 月 10 日育苗，5 月 20 日移栽，9 月 25 日收获；2017 年 4 月 8 日育苗，5 月 18 日移栽，9 月 24 日收获；2018 年 4 月 9 日育苗，5 月 22 日移栽，9 月 25 日收获。株、行距为 30 cm×20 cm，每穴 3 苗，病虫草害防治同常规管理。

3.1.3　测定指标与方法

1. 生育时期调查

移栽缓苗后，对每个小区进行定植，每 7 天测量一次分蘖和株高，并记录生育时期。

2. 叶片干物质重的测定

在水稻生长关键时期(分蘖期、穗分化始期、拔节期、孕穗期、抽穗期)，每小区取代表性植株 5 株，按茎、叶、穗单独分装标记，将其放置烘箱内，于 105 ℃杀青 30 min，之后 80 ℃下烘干至恒重。用百分之一天平，对各器官干物质称重，并根据种植密度折算单位面积叶片干物质量。

3. 水稻叶片含氮量的测定

将烘干至恒重的叶片粉碎，放于自封袋内，在室温下保存直至进一步化学分析。采用凯氏定氮法测定叶片含氮量(陆震州，2015)。

4. 冠层 SPAD 指标测定

2016—2017 年在水稻生长的关键生育时期(分蘖期、拔节期、孕穗期、抽穗期、灌浆期)每个小区选择有代表性的水稻植株 10 穴(主茎)，用 SPAD-502 叶绿素仪分别测定水稻顶部 3~4 片完全展开叶叶绿素仪读数，测定的部位为距叶片基部 1/2 处，测定时要注意避开叶脉和叶片边缘，记录叶绿素仪读数。

3.1.4　模型构建与检验方法

1. 基于 SPAD 值的水稻氮素诊断模型构建

将 2017 年不同生育时期不同叶位的 SPAD 值利用表 3-1 所示的计算公式，

计算归一化 SPAD 指数，运用 SPAD 值及归一化 SPAD 指数与表 3-2 所示的氮素
指标(叶片含氮量和氮营养指数)构建经验模型。

表 3-1　水稻冠层不同叶位 SPAD 值及归一化 SPAD 指数计算方法

SPAD 指标	计算公式	备注
L1	顶部第 1 片完全展开叶的 SPAD 值	
L2	顶部第 2 片完全展开叶的 SPAD 值	
L3	顶部第 3 片完全展开叶的 SPAD 值	
L4	顶部第 4 片完全展开叶的 SPAD 值	
NSI1	NSI1 = L1(i)/L1(最高氮素处理)	L1(i)代表顶部第 1 片完全展开叶叶绿素仪读数
NSI2	NSI2 = L2(i)/L2(最高氮素处理)	L2(i)代表顶部第 2 片完全展开叶叶绿素仪读数
NSI3	NSI3 = L3(i)/L3(最高氮素处理)	L3(i)代表顶部第 3 片完全展开叶叶绿素仪读数
NSI4	NSI4 = L4(i)/L4(最高氮素处理)	L4(i)代表顶部第 4 片完全展开叶叶绿素仪读数
DSI	DSI = L1-L3	
RSI	RSI = L1/L3	
RDSI	RDSI = (L1-L3)/L3	
NDSI	NDSI = (L1-L3)/(L1+L3)	

表 3-2　氮素相关指标

氮素指标	计算公式	备注
叶片含氮量(LNC)	实测叶片含氮量	实际测量值
氮营养指数(NNI)	Na/Nc	Na 实际测试氮浓度(%)，Nc 临界氮浓度(%)

2. 基于 SPAD 值的水稻氮素诊断模型验证

用 2016 年独立实验 SPAD 指标数据进行模型验证，采用决定系数 R^2、均方根误差 RMSE 和标准均方根误差 nRMSE 等指标评价模型的准确性和稳定性，具体见第 2 章模型验证部分。

试验数据采用 Microsoft Excel 2016 和 SPSS 22.0 统计分析软件进行数据计算和方差分析等处理，采用 GraphPad Prism 7.0 绘图软件进行绘图。

3.2　结果与分析

3.2.1　不同施氮水平水稻冠层不同叶位 SPAD 值关键生育时期变化规律

两个水稻品种在进入灌浆期时 SPAD 值均开始持续下降，第 4 完全展开叶的 SPAD 值下降的速度明显快于第 1~3 片完全展开叶 SPAD 值。随着施氮水平的增加，水稻冠层叶片 SPAD 值逐渐增大。如图 3-1 至图 3-4 所示，2016 与 2017 年两年的大田试验结果显示，在整个生育时期内，植株冠层的叶片颜色(不同叶位 SPAD 平均值)呈现了"黑(叶色深绿)黄(叶色浅绿)"交替变化的现象，在不同施氮水平下随着施氮量的增加，叶色变化幅度明显增大。水稻处于分蘖高峰期，两个品种的 SPAD 值增大，冠层叶色表现叶色较深，随后两个品种的 SPAD 值降低，冠层叶色表现叶色变淡；在水稻处于抽穗期时，又经历了一次"黑黄"交替变化。由于未进行移栽缓苗取样，所以仅体现了"两黑两黄"的现象。

在抽穗期以前，高氮水平(N120~N240)的第 3 和第 4 片完全展开叶 SPAD 值大于第 1 和第 2 片完全展开叶，低氮水平(N0~N60)的第 1 和第 4 片完全展开叶 SPAD 值小于第 2 和第 3 片完全展开叶；在抽穗期及以后，无论是高氮还是低氮水平第 1 和第 2 片完全展开叶 SPAD 值大于第 3 和第 4 片完全展开叶。

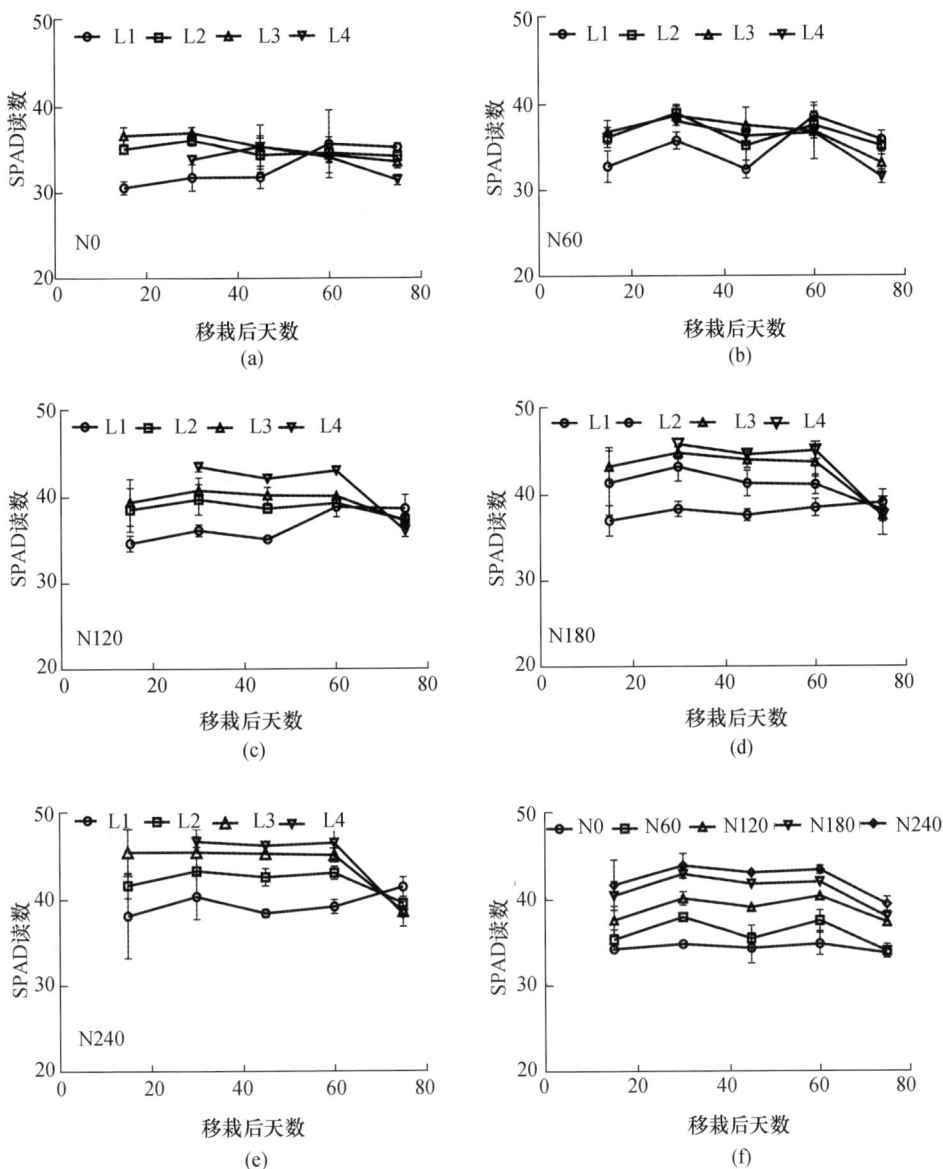

L1～L4—水稻冠层的第 1～4 完全展开叶；

N0～N240—不同施氮水平：0、60、120、180、240（kg·hm^{-2}）。

图(a)至图(e)表示五优稻 4 号水稻品种在不同施氮水平下关键生育时期不同叶位 SPAD 值的动态变化趋势；

图(f)表示五优稻 4 号水稻品种在不同施氮水平下关键生育时期不同叶位 SPAD 的平均值。

图 3-1　2016 年五优稻 4 号水稻品种不同施氮水平、

生育时期、叶位 SPAD 值动态变化规律

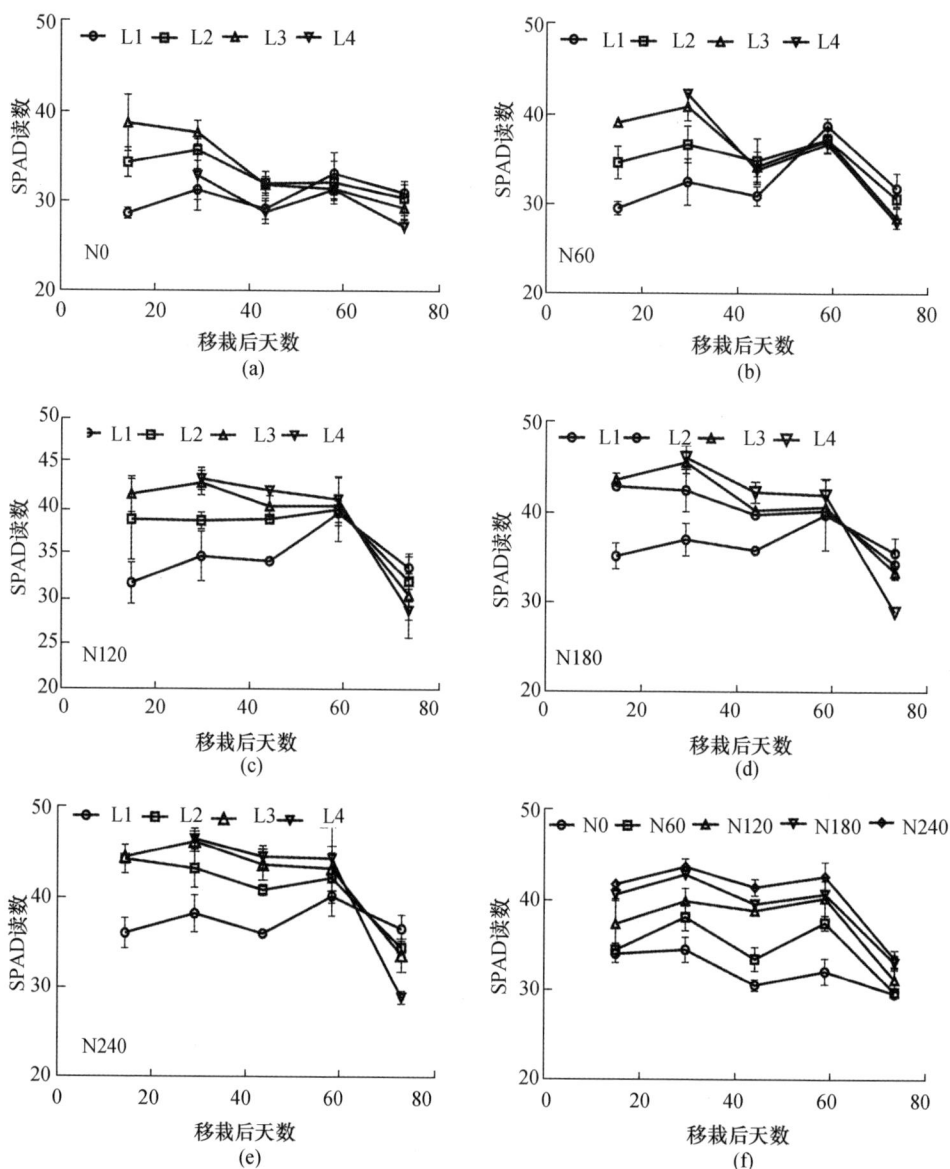

L1~L4—水稻冠层的第 1~4 完全展开叶；

N0~N240—不同施氮水平：0、60、120、180、240（kg·hm⁻²）。

图（a）至图（e）表示松粳 9 号水稻品种在不同施氮水平下关键生育时期不同叶位 SPAD 值的动态变化趋势；

图（f）表示松粳 9 号水稻品种在不同施氮水平下关键生育时期不同叶位 SPAD 的平均值。

图 3-2　2016 年松粳 9 号水稻品种不同施氮水平、生育时期、

叶位 SPAD 值动态变化规律

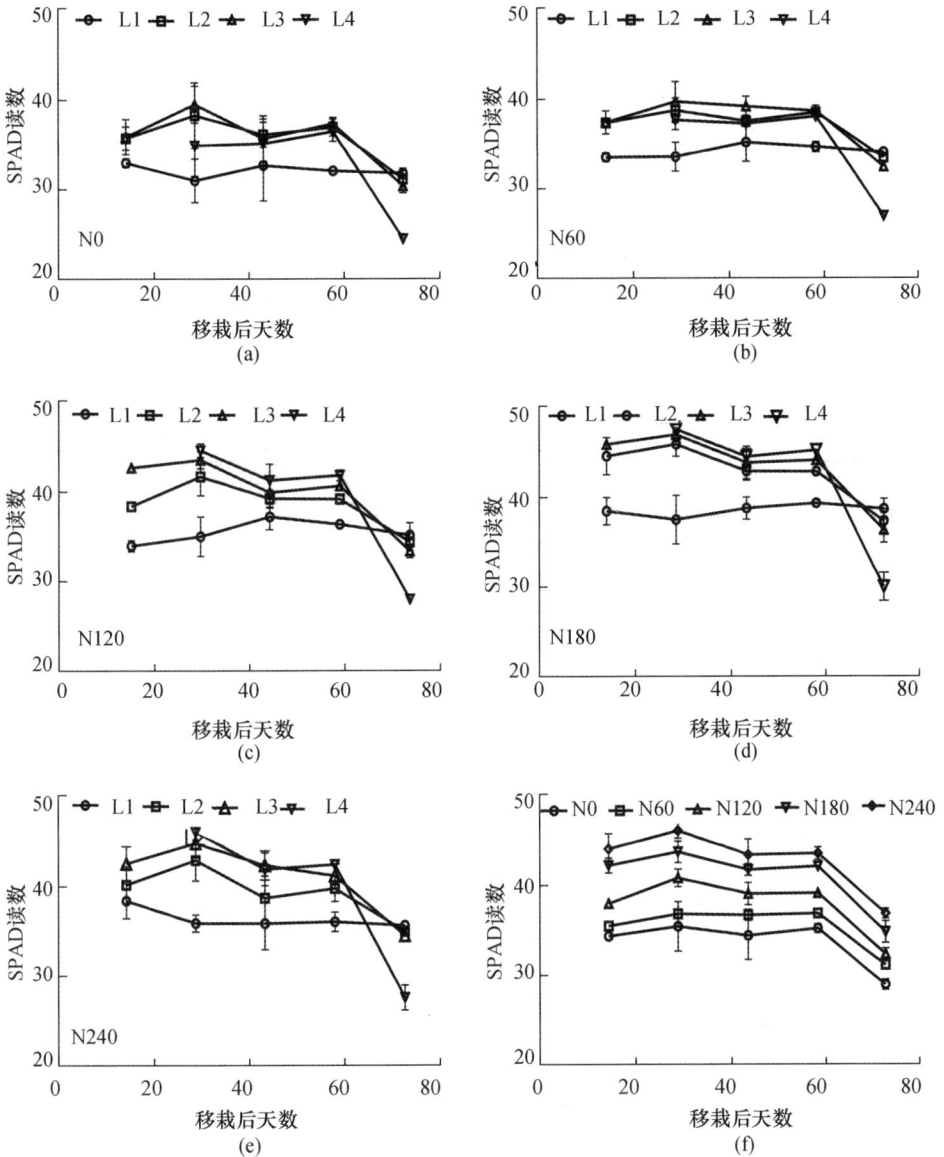

L1~L4—水稻冠层的第 1~4 完全展开叶；

N0~N240—不同施氮水平：0、60、120、180、240（kg·hm⁻²）。

图（a）至图（e）表示五优稻 4 号水稻品种在不同施氮水平下关键生育时期不同叶位 SPAD 值的动态变化趋势；

图（f）表示五优稻 4 号水稻品种在不同施氮水平下关键生育时期不同叶位 SPAD 的平均值。

图 3-3　2017 年五优稻 4 号水稻品种不同施氮水平、生育时期、

叶位 SPAD 值动态变化规律

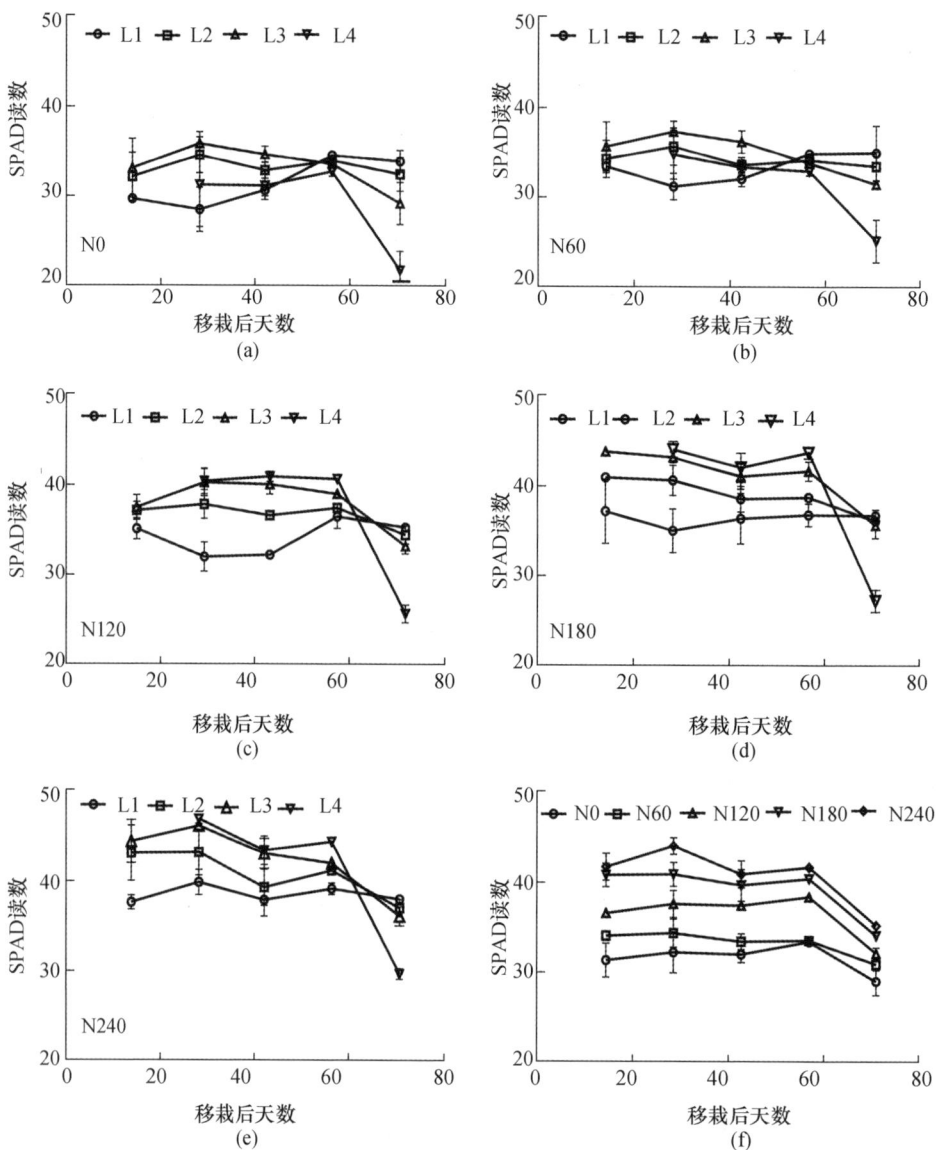

L1~L4—水稻冠层的第 1~4 完全展开叶;

N0~N240—不同施氮水平: 0、60、120、180、240 (kg·hm^{-2})。

图(a)至图(e)表示松粳 9 号水稻品种在不同施氮水平下关键生育时期不同叶位 SPAD 值的动态变化趋势;

图(f)表示松粳 9 号水稻品种在不同施氮水平下关键生育时期不同叶位 SPAD 的平均值。

图 3-4 2017 年松粳 9 号水稻品种不同施氮水平、生育时期、

叶位 SPAD 值动态变化规律

3.2.2　不同水稻品种冠层叶片 SPAD 指标与叶片含氮量的相关分析

由表 3-3 可以看出，第 1~4 片完全展开叶 SPAD 读数、不同叶位归一化
SPAD 指数（NSI）与叶片含氮量呈正相关关系。于 4 个生育时期，两个品种不同
叶位 SPAD 值与叶片含氮量存在线性相关关系（除松粳 9 号拔节期第 2 片完全展
开叶外），五优稻 4 号水稻品种的决定系数为 0.616~0.972，松粳 9 号水稻品种
的决定系数为 0.609~0.902。两个品种的第 3、4 片完全展开叶的决定系数基本
上高于第 1、2 片完全展开叶的决定系数，在拔节和孕穗期尤为明显。整体上五
优稻 4 号水稻品种与叶片含氮量的相关性要高于松粳 9 号水稻品种，全部达到
$p<0.05$ 的显著水平。

表 3-3　不同水稻品种不同生育时期冠层叶片 SPAD 指标与

叶片含氮量的线性决定系数（2017）

品种	SPAD 指标	决定系数（R^2）			
		分蘖期	拔节期	孕穗期	抽穗期
五优稻 4 号（WYD-4）	L1	0.802**	0.667**	0.616*	0.953**
	L2	0.754**	0.735**	0.804**	0.909**
	L3	0.880**	0.860**	0.814**	0.949**
	L4	—	0.909**	0.867**	0.972**
	NSI1	0.645**	0.482	0.497	0.662**
	NSI2	0.611*	0.764**	0.676**	0.558*
	NSI3	0.882**	0.842**	0.800**	0.885**
	NSI4	—	0.908**	0.844**	0.914**
	DSI	0.090	0.176	0.192	0.013
	RSI	0.029	0.005	0.079	0.094
	RDSI	0.029	0.005	0.079	0.094
	NDSI	0.029	0.004	0.078	0.095
松粳 9 号（SJ-9）	L1	0.645**	0.775**	0.734**	0.723**
	L2	0.653**	0.054	0.835**	0.840**
	L3	0.609*	0.828**	0.902**	0.790**

表 3-3(续)

品种	SPAD 指标	决定系数(R^2)			
		分蘖期	拔节期	孕穗期	抽穗期
松粳 9 号 （SJ-9）	L4	—	0.818**	0.885**	0.761**
	NSI1	0.540*	0.748**	0.719**	0.707**
	NSI2	0.634*	0.759**	0.700**	0.822**
	NSI3	0.590*	0.810**	0.804**	0.787**
	NSI4	—	0.780**	0.850**	0.758**
	DSI	0.130	0.008	0.086	0.549*
	RSI	0.067	0.202	0.007	0.537*
	RDSI	0.067	0.202	0.007	0.537*
	NDSI	0.066	0.206	0.008	0.528*

注：** 表示 0.01 显著水平；* 表示 0.05 显著水平；$n=15$，$r_{0.01}=0.641$，$r_{0.05}=0.514$。

除五优稻 4 号在拔节和孕穗期 NSI1 与叶片含氮量的相关性不显著外，其余 NSI 与叶片含氮量的关系基本与不同叶位 SPAD 值规律相似。五优稻 4 号水稻品种的决定系数为 0.558~0.914，松粳 9 号水稻品种的决定系数为 0.540~0.850。

两个品种相对 SPAD 差值指数（RDSI）、差值 SPAD 指数（DSI）和归一化差值 SPAD 指数（NDSI）与叶片含氮量基本上都呈负相关关系，但不显著，仅松粳 9 号在抽穗期呈现 0.05 水平下显著负相关，但是决定系数较低。SPAD 比值指数（RSI）与叶片含氮量呈正相关，但是决定系数较低。两个品种的归一化 SPAD 指数 NSI3 和 NSI4 的决定系数基本上都高于 NSI1 和 NSI2 的决定系数。说明第 3、4 片完全展开叶可以作为植株氮素营养诊断的理想指示叶。

3.2.3 不同水稻品种冠层叶片 SPAD 指标与氮营养指数的相关分析

由表 3-4 可知，第 1~4 片完全展开叶 SPAD 读数和不同叶位归一化 SPAD 指数（NSI）与氮营养指数（NNI）呈现正相关关系。两个品种不同叶位 SPAD 值与氮营养指数为不同生育时期存在线性相关关系，五优稻 4 号水稻品种的决定系数为 0.580~0.974，松粳 9 号水稻品种的决定系数为 0.599~0.883，除个别时期的叶位外（五优稻 4 号孕穗期第 1 完全展开叶，松粳 9 号拔节期第 2 片完全展开叶）全部达到 0.01 的极显著水平。两个品种的第 3、4 片完全展开叶的决定系数相对较高。

表 3-4　不同水稻品种不同生育时期冠层叶片 SPAD 指标与 NNI 的线性决定系数（2017）

品种	SPAD 指标	决定系数（R^2）			
		分蘖期	拔节期	孕穗期	抽穗期
五优稻 4 号（WYD-4）	L1	0.808**	0.696**	0.580*	0.957**
	L2	0.758**	0.766**	0.784**	0.913**
	L3	0.886**	0.877**	0.798**	0.953**
	L4	—	0.921**	0.878**	0.974**
	NSI1	0.620*	0.480	0.478	0.660**
	NSI2	0.623*	0.794**	0.670**	0.557*
	NSI3	0.882**	0.876**	0.789**	0.908**
	NSI4	—	0.924**	0.840**	0.927**
	DSI	0.091	0.165	0.209	0.013
	RSI	0.03	0.003	0.092	0.095
	RDSI	0.03	0.003	0.092	0.095
	NDSI	0.029	0.002	0.092	0.096
松粳 9 号（SJ-9）	L1	0.712**	0.767**	0.734**	0.717**
	L2	0.736**	0.599*	0.832**	0.840**
	L3	0.672**	0.853**	0.883**	0.789**
	L4	—	0.832**	0.871**	0.772**
	NSI1	0.629*	0.783**	0.757**	0.672**
	NSI2	0.707**	0.790**	0.721**	0.831**
	NSI3	0.665**	0.860**	0.842**	0.778**
	NSI4	—	0.813**	0.870**	0.768**
	DSI	0.143	0.00	0.015	0.551*
	RSI	0.079	0.16	0.005	0.541*
	RDSI	0.079	0.16	0.005	0.541*
	NDSI	0.077	0.16	0.005	0.532*

注：** 表示 0.01 显著水平；* 表示 0.05 显著水平；$n=15$，$r_{0.01}=0.641$，$r_{0.05}=0.514$。

两个品种除五优稻 4 号在拔节和孕穗期 NSI1 相关性不显著外，其余 NSI 与 NNI 的关系基本与不同叶位 SPAD 值规律相似，五优稻 4 号水稻品种的决定系数为 0.557~0.927，松粳 9 号水稻品种的决定系数为 0.629~0.870。

两个品种相对 SPAD 差值指数（RDSI）、差值 SPAD 指数（DSI）和归一化差值
SPAD 指数（NDSI）与 NNI 基本上都呈现负相关关系，但不显著，仅松粳 9 号在
抽穗期呈现 0.05 水平下显著负相关，但决定系数较低。SPAD 比值指数（RSI）与
NNI 呈正相关，但决定系数较低。

对比分析表 3-3 和表 3-4，LNC&NSI4：五优稻 4 号不同生育时期（拔节期、
孕穗期、抽穗期）的决定系数分别为 0.908、0.844、0.914；松粳 9 号不同生育
时期（拔节期、孕穗期、抽穗期）的决定系数分别为 0.780、0.850、0.758。
NNI&NSI4：五优稻 4 号不同生育时期（拔节期、孕穗期、抽穗期）的决定系数分
别为 0.924、0.840、0.927；松粳 9 号不同生育时期（拔节期、孕穗期、抽穗期）
的决定系数分别为 0.813、0.870、0.768。两个品种的 NNI&NSI4 基本上高于
LNC&NSI4，用 NNI 与 NSI4 建立模型，精度会更高。

由图 3-5 可以看出，两个水稻品种不同年份间冠层不同叶位 SPAD 值与氮
营养指数回归分析的决定系数变化范围为 $R^2 = 0.498~0.731$，均达到了极显著水
平。两个水稻品种在不同年份间第 4 完全展开叶 SPAD 值与 NNI 的决定系数最稳
定，2016 年为 0.690，2017 年为 0.709，年际间变化幅度不大，变化幅度为 3%，
相对稳定；而第 1 片完全展开叶与 NNI 的决定系数 2016 年为 0.498，2017 年为
0.731，年际间变化幅度最大，变化幅度为 46.8%，最不稳定；第 2 和 3 完全展
开叶与 NNI 的决定系数变化幅度为 5.5% 和 10.4%。综上所述，第 4 完全展开叶
SPAD 值与 NNI 之间的回归关系受年份间影响相对较小，所以在选择理想叶位时
要选择受年份影响小的叶位进行氮素营养诊断。因此本研究综合各项指标建立
了第 4 完全展开叶归一化 SPAD 指数（NSI4）与氮素指标（LNC 和 NNI）的诊断
模型。

3.2.4 SPAD 指数氮素诊断模型的建立

表 3-5 所示为水稻第 4 完全展开叶归一化 SPAD 指数（NSI4）与氮素指
标（LNC 和 NNI）建立的相应诊断模型，具体包括不同生育时期的单一时期模
型（拔节期、孕穗期、抽穗期）和所有拔节-孕穗期、孕穗-抽穗期、拔节-抽穗
期的间期模型（即特定的生育时期，如拔节期到抽穗期的间期），模型采用的方
程为指数方程（Prost et al.，2007）。

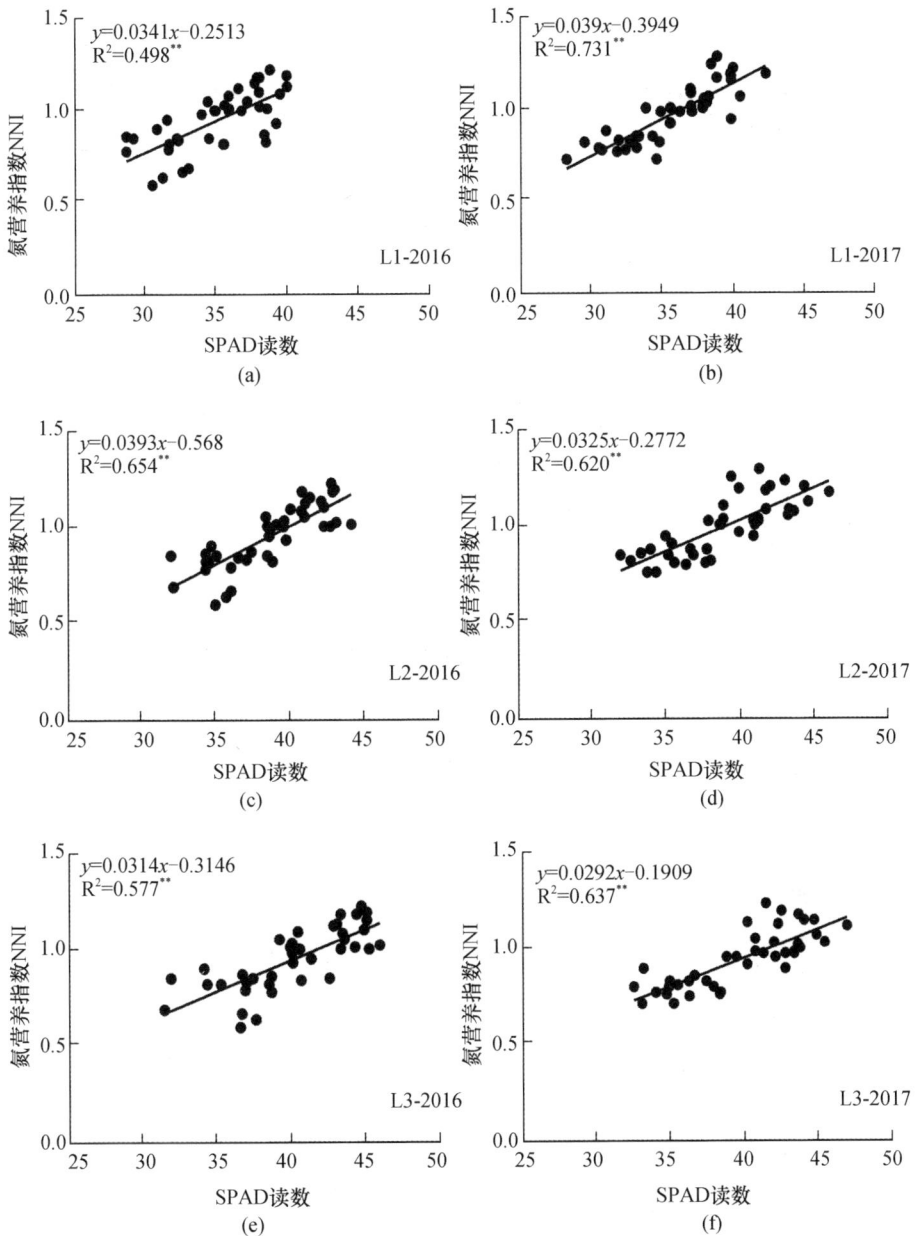

图 3-5　不同年份间水稻冠层叶片 SPAD 值与 NNI 间的拟合关系

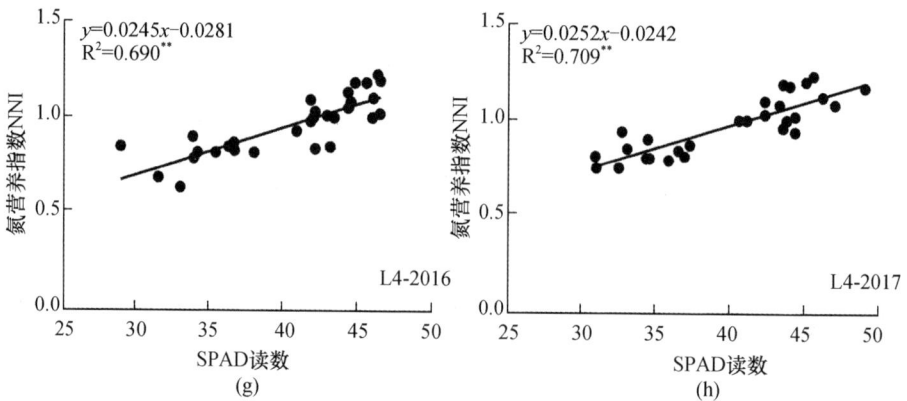

Li-2016—两品种 2016 年不同叶位 SPAD 值与 NNI 间拟合关系；

Li-2017—两品种 2017 年不同叶位 SPAD 值与 NNI 间拟合关系；

L1~L4—水稻冠层的第 1、2、3、4 完全展开叶；

$n=40$；$r_{0.01}=0.393$；$r_{0.05}=0.304$。

图 3-5(续)

表 3-5 NSI4 与氮素指标在不同时期或阶段的诊断模型

生育时期	指标	样本(n)	模型	R^2
拔节期(SE)	NIS4	10	$LNC=1.3917e^{0.4901x}$	0.111
			$NNI=0.3676e^{1.1497x}$	0.909**
孕穗期(BT)	NIS4	10	$LNC=0.4864e^{1.3788x}$	0.800**
			$NNI=0.289e^{1.4529x}$	0.925**
抽穗期(HD)	NIS4	10	$LNC=0.1102e^{2.8248x}$	0.453
			$NNI=0.2499e^{1.6244x}$	0.825**
拔节-孕穗期(SE-BT)	NIS4	20	$LNC=0.9542e^{0.7616x}$	0.147
			$NNI=0.3308e^{1.2851x}$	0.905**
孕穗-抽穗期(BT-HD)	NIS4	20	$LNC=0.2525e^{2.0051x}$	0.365
			$NNI=0.2694e^{1.5366x}$	0.866**
拔节-抽穗期(SE-HD)	NIS4	30	$LNC=0.5827e^{1.1921x}$	0.136
			$NNI=0.3048e^{1.3864x}$	0.862**

注：** 表示 0.01 显著水平；* 表示 0.05 显著水平；$n=10$，$r_{0.01}=0.765$，$r_{0.05}=0.632$；$n=20$，$r_{0.01}=0.561$，$r_{0.05}=0.444$；$n=30$，$r_{0.01}=0.463$，$r_{0.05}=0.361$。

根据 NSI4 与叶片含氮量构建的诊断模型仅在孕穗期相关性极显著，$R^2 = 0.800$，其余的单一时期和间期模型的相关性不显著。NSI4 与氮营养指数构建的单一时期和间期诊断模型的相关性极显著，R^2 范围为 0.825~0.925。因此基于 NSI4 与 NNI 建立的诊断模型可以进行寒地水稻氮素营养诊断(表 3-5)。

单一时期模型具体如下。

拔节期：
$$\mathrm{NNI} = 0.367\,6\mathrm{e}^{1.149\,7\,\mathrm{NSI4}} \quad (R^2 = 0.909) \tag{3-1}$$

孕穗期：
$$\mathrm{NNI} = 0.289\mathrm{e}^{1.452\,9\,\mathrm{NSI4}} \quad (R^2 = 0.925) \tag{3-2}$$

抽穗期：
$$\mathrm{NNI} = 0.249\,9\mathrm{e}^{1.624\,4\,\mathrm{NSI4}} \quad (R^2 = 0.825) \tag{3-3}$$

间期模型拔节-孕穗期：
$$\mathrm{NNI} = 0.304\,8\mathrm{e}^{1.386\,4\,\mathrm{NSI4}} \quad (R^2 = 0.862) \tag{3-4}$$

在作物的氮素诊断研究中，使用了同一时期不同氮处理下的相关数据单一时期模型的相关性均较好，但是这种单一时期模型在实际应用中存在一定的局限性，本研究建立基于 NSI4 与 NNI 拔节-抽穗期的间期模型可以为水稻氮素诊断提供新的参考。虽然本研究建立的间期模型其决定系数相对于大多数的单一时期模型决定系数较低，但是均达到极显著水平。因此基于 NSI4 与 NNI 结合可以作为一种新的氮营养诊断工具。

3.2.5　SPAD 指数氮素诊断模型的验证

采用 2016 年独立试验数据对 NSI4 与 NNI 建立的氮素诊断模型进行验证。如图 3-6 所示，两个品种的单一时期和间期模型 NNI 实测值与预测值的相关系数均达到显著水平($p < 0.05$)，且 $10\% < \mathrm{nRMSE} < 20\%$，表明模型稳定。松粳 9 号水稻品种单一时期模型 $R^2 = 0.721$，RMSE = 0.15，nRMSE = 15.85%；拔节-抽穗期间期模型 $R^2 = 0.608$，RMSE = 0.15，nRMSE = 16.67%。五优稻 4 号水稻品种单一时期模型 $R^2 = 0.715$，RMSE = 0.13，nRMSE = 13.44%；拔节-抽穗期间期模型 $R^2 = 0.643$，RMSE = 0.15，nRMSE = 14.59%。通过模型的验证，发现基于 NSI4 与 NNI 建立的拔节-抽穗期间期模型 $\mathrm{NNI} = 0.304\,8\mathrm{e}^{1.386\,4\,\mathrm{NSI4}}$($R^2 = 0.862$，$p < 0.01$)能较好地预测水稻氮素营养状况。

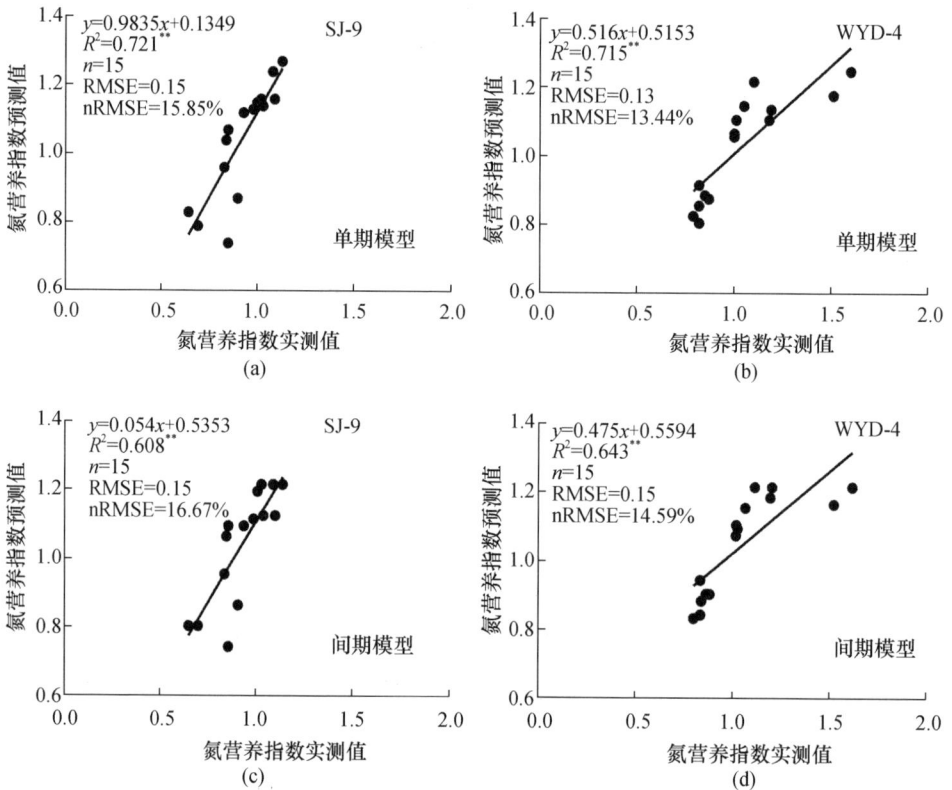

SJ-9—松粳 9 号水稻品种；WYD-4—五优稻 4 号水稻品种。

图 3-6　不同水稻品种 NNI 的观测值与预测值的相关关系

3.3　讨论与结论

3.3.1　讨论

叶片的颜色很好地反映了植株的生理代谢特征，当叶片的颜色呈深绿色时，表明植株氮素充足，植株体内氮代谢旺盛，并且蛋白质合成多，植株各器官生长迅速，而同化物积累相对较差。当叶片的颜色浅绿时，表明植株氮素不足，体内碳代谢旺盛，此时蛋白质合成减弱，但是同化物积累增多，各器官健壮挺实，为后期产量形成奠定了基础。陈永康先生提出了运用肥水管理措施，实现叶色"三黑三黄"交替变化可以实现足穗、壮秆、穗大、粒饱、高产的目的(陈温福，2010）。本研究结果表明，在水稻生长过程中不同叶位 SPAD 平均值呈现了两次"黑（叶色深绿）黄（叶色浅绿）"交替变化的现象。植株"黑黄"交替的叶色变化现象是植株本身的一种变化规律，施肥水平和施肥时间等田间管理措施能够改变水稻冠层叶片"黑黄"交替变化波动的幅度和出现的时间。

　　叶色也能反映出植物体内的氮素养分（冯伟 等，2008），水稻叶片在发育过程中，顶部的第 1 完全展开叶抽出到成熟还需要一定的时间，叶片的结构和组织等在这期间也需要进一步的成长和充实（Fageria，2007），这可能是导致顶部第 1 完全展开叶 SPAD 值（L1）与 NNI 之间年际间稳定性相对较差的原因。鉴于此，Prost 等（2007）用顶部第 2 完全展开叶（L2）代替顶部第 1 完全展开叶（L1）进行研究，随后众多学者（王绍华 等，2002；丁艳峰 等，2003；江立庚 等，2004；姜继萍 等，2012；何俊俊 等，2014）的研究结果也表明，水稻顶部第 4 片完全展开叶（L4）作为氮营养状况的指示叶片更为适宜，本研究也进一步验证了这一观点。

　　在使用叶绿素仪进行施肥管理时，前人的研究结果表明，不论水稻的上位叶还是下位叶，在测定中 SPAD 值都会受到品种、年份、生态区域、生育时期等多种因素的影响，对用单一区域或单一品种得到的历史数据，构建基于 SPAD 值的水稻氮素诊断模型的适应性和普适性提出了严峻的考验。NNI 是相对值，能够较好地消除品种之间、不同地域和年份间的差异，可以作为更广泛使用的氮素营养诊断工具进行应用。通过比较发现，在 NNI 的计算过程中，我们所使用的临界氮浓度曲线若不同，计算得到的 NNI 的范围也不同，袁召锋（2016）在水稻中和 Debaeke 等（2006）在小麦中使用 NSI 与 NNI 建立模型时也都强调了类似的问题，因此特定品种的临界氮浓度稀释曲线的建立尤其重要。

　　在建立作物氮素营养诊断模型时，很多学者建立的作物氮素诊断模型与相应作物的氮肥关键诊断调控期不一致，例如有些研究建立了作物抽穗期的氮素诊断模型（Wang et al.，2005；Yang et al.，2014），但 Turner 等（1994）研究表明分蘖期和抽穗期叶绿素仪读数与氮需求量没有很好的关联性。北方水稻的生育时期没有很明确地区分界线，虽然生育时期的引入对作物研究非常有用，但作物的生产是一个复杂的系统，就禾本科作物而言，因为有主茎和不同级别分蘖的存在，在同一块田里的植株也可能在同一时间节点处在不同的生育时期。在作物生产中，农民只能凭借经验粗略地判断出作物的生育时期。本研究在水稻第三次施肥期间建立了拔节-抽穗的间期模型来克服单一时期氮素诊断模型的不足，进而提高作物的氮素营养诊断的准确性。虽然本研究建立的间期模型其决定系数 R^2 相对于大多数的单一时期模型决定系数 R^2 较低，但是均在 0.01 水平下显著，其结果与前人研究一致（袁召峰，2016；Rodriguez et al.，2000），因此 SPAD 指数与 NNI 结合可以作为一种新的氮素营养诊断工具。

营养监测的最终目的是进行下一步的施肥调控。因此，本研究在基于叶片干物质临界氮浓度稀释曲线模型的基础上进一步构建了寒地水稻 SPAD 的氮素营养诊断指标和方法，在叶绿素仪的实际测试中应用本研究构建的估测模型，可以得到不同施氮水平下水稻的 NNI 的估测值，将 NNI 估测值与 1 进行比较诊断水稻生长和营养状况，当 NNI=1 时，代表体内氮素营养适宜，田间氮肥管理时不再追施氮肥；当 NNI>1 时，代表体内氮素营养过剩，田间管理上不能增施氮肥；当 NNI<1 时，代表体内氮素营养亏缺，在田间管理上需要增施氮肥以满足作物的正常生长发育。

3.3.2　结论

本项研究采用快速、便携、廉价的叶绿素计（SPAD-502），研究了寒地水稻氮素营养状况的无损估算，系统分析了不同生育时期 12 个 SPAD 指标与叶片氮含量、氮营养指数的相关关系，发现了水稻冠层不同叶位叶片的 SPAD 值与 NNI 的相关性在不同年份之间有明显差异，第 4 完全展开叶与 NNI 在不同年际间的相关系数变化幅度最小，顶部第 4 片完全展开叶归一化 SPAD 指数（NSI4）能够消除品种和年际间的差异，明确了水稻顶部第 4 片完全展开叶为植株氮素状况诊断的理想叶片。本研究于水稻田间管理关键时期（拔节-抽穗期）建立水稻氮素营养状况估算间期模型 NNI = 0.304 8e$^{1.386\ 4NSI4}$（R^2 = 0.862，$p<0.01$），可较好地估计水稻的氮素状况。

参 考 文 献

陈防，鲁剑巍，1996. SPAD-502 叶绿素计在作物营养快速诊断上的应用初探 [J]. 湖北农业科学，2：31-34.

陈晓群，张学军，白建忠，等，2010. 基于水稻不同生育期叶绿素值推荐追施氮量的研究初报[J]. 中国农学通报，26(7)：147-151.

陈晓阳，钱秋平，赵秀峰，等，2013. 水稻叶片 SPAD 空间分布与氮素营养及种植密度的关系[J]. 江西农业学报，25(5)：13-15.

陈温福，2010. 北方水稻生产技术问答[M]. 3 版. 北京：中国农业出版社，29.

丁艳锋，赵长华，王强盛，2003. 穗肥施用时期对水稻氮素利用及产量的影响[J]. 南京农业大学学报，26(4)：5-8.

冯伟，王永华，谢迎新，等，2008. 作物氮素诊断技术的研究综述[J]. 中国农学通报，24(11)：179-185

郭晓艺，张林，徐富贤，等，2010. 杂交中稻叶片 SPAD 值的田间测定方法研究[J]. 中国稻米，16(5)：16-20.

贺帆，2006. 实时实地氮肥管理对水稻产量、品质和氮效率影响的研究[D]. 武汉：华中农业大学.

何俊俊，杨京平，杨虎，等，2014. 光照及氮素水平对水稻冠层叶片 SPAD 值动态变化的影响[J]. 浙江大学学报(农业与生命科学版)，40(5)：495-504.

金军，徐大勇，胡曙云，2003. 叶绿素仪穗肥诊断及其在水稻优质栽培中的应用[J]. 耕作与栽培，2：14-22.

贾良良，陈新平，张福锁，2001. 作物氮营养诊断的无损测试技术[J]. 世界农业，6：36-37.

江立庚，曹卫星，姜东，等，2004. 水稻叶氮量等生理参数的叶位分布特点及其与氮素营养诊断的关系[J]. 作物学报，30(8)：745-750.

姜继萍，杨京平，杨正超，等，2012. 不同氮素水平下水稻叶片及相邻叶位 SPAD 值变化特征[J]. 浙江大学学报(农业与生命科学版)，38(2)：166-174.

陆震洲，2015. 长江下游稻作区水稻临界氮浓度和光谱指数模型研究[D]. 南京：南京农业大学.

吕川根，宗寿余，邹江石，等，2005. 水稻叶片形态因子及其在 F1 代的遗传[J]. 作物学报，31(8)：1074-1079.

李刚华，丁艳锋，薛利红，等，2005. 利用叶绿素计(SPAD-502)诊断水稻氮素营养和推荐追肥的研究进展[J]. 植物营养与肥料学报，11(3)：412-416.

李刚华，薛利红，尤娟，等，2007. 水稻氮素和叶绿素 SPAD 叶位分布特点及氮素诊断的叶位选择[J]. 中国农业科学，40(6)：1127-1134.

沈掌泉，王珂，朱君艳，2002. 叶绿素计诊断不同水稻品种氮素营养水平的研究初报[J]. 科技通报，18(3)：173-176.

田明璐，班松涛，袁涛，等，2018. 基于低空无人机多光谱遥感的水稻倒伏监测研究[J]. 上海农业学报，34(6)：88-93.

王绍华，曹卫星，王强盛，等，2002. 水稻叶色分布特点与氮素营养诊断[J]. 中国农业科学，35(12)：1461-1466.

王治海，刘建栋，刘玲，等，2013. 基于遥感信息的区域农业干旱模拟技术研究[J]. 水土保持通报，5：96-100.

王远，2015. 基于可见光图像的水稻氮素营养诊断和推荐施肥研究[D]. 北京：中国科学院大学.

王晓玲，2017. 长江中下游稻麦两熟区冬小麦植株器官临界氮浓度模型构建及氮素诊断调控研究[D]. 南京农业大学.

王震，褚桂坤，张宏建，等，2018. 基于无人机可见光图像 Haar-like 特征的水稻病害白穗识别[J]. 农业工程学报，34(20)：73-82.

王宇恒，2019. 多旋翼无人机的发展历程及构型分析[J]. 科技传播，11(22)：142-144.

王红蕾，宋丽娟，张宇，等，2019. 科技创新在黑龙江省乡村振兴中的作用浅析[J]. 农学学报，9(12)：96-100.

吴良欢，陶勤南，1999. 水稻叶绿素计诊断追氮法研究[J]. 浙江农业大学学报，25(2)：135-138.

吴方明，张淼，吴炳方，2019. 无人机影像的面向对象水稻种植面积快速提取[J]. 地球信息科学学报，21(5)：789-798.

武婕，李玉环，李增兵，等，2014. 基于SPOT-5遥感影像估算玉米成熟期地上生物量及其碳氮累积量[J]. 植物营养与肥料学报，20(1)：64-74.

武旭梅，常庆瑞，落莉莉，等，2019. 水稻冠层叶绿素含量高光谱估算模型[J]. 干旱地区农业研究，37(3)：238-243.

薛利红，曹卫星，罗卫红，等，2003. 基于冠层反射光谱的水稻群体叶片氮素状况监测[J]. 中国农业科学，36(7)：807-812.

岳松华，刘春雨，黄玉芳，等，2016. 豫中地区冬小麦临界氮稀释曲线与氮营养指数模型的建立[J]. 作物学报，42(6)：909-916.

杨雪，2015. 稻麦两熟区冬小麦适宜氮素指标动态模型构建与追氮调控研究 [D]. 南京：南京农业大学.

杨红云，周琼，杨珺，等，2019. 基于高光谱的水稻叶片氮素营养诊断研究[J]. 浙江农业学报，31(10)：1575-1582.

俞敏祎，余凯凯，费聪，等，2019. 水稻冠层叶片 SPAD 数值变化特征及氮素营养诊断[J]. 浙江农林大学学报，36(05)950-956.

银敏华，李援农，李昊，等，2016. 氮肥运筹对夏玉米根系生长与氮素利用的影响[J]. 农业机械学报，7(6)：129-138.

姚国新，高山，陈素生，2003. 水稻旱直播的国内外研究进展[J]. 农业科学研究，24(2)：63-67.

姚霞，刘小军，田永超，等，2013. 基于星载通道光谱指数与小麦冠层叶片氮素营养指标的定量关系[J]. 应用生态学报，24(2)：431-437.

袁召锋，2016. 基于 SPAD 值的水稻氮素营养诊断与调控研究[D]. 南京：南京农业大学.

闫昱光，2019. 基于多光谱图像的水稻估产模型研究[D]. 哈尔滨：东北农业大学.

钟旭华，黄农荣，郑海波，等，2006. 水稻抽穗期叶色诊断指标与叶面积指数及结实期光强的关系[J]. 中国农学通报，22(10)：147-153.

詹国祥，康丽芳，端木和林，2020. 极飞 P20 无人机水稻病虫害飞防效果试验与分析[J]. 农业装备技术，46(1)：18-19.

赵满兴，周建斌，翟丙年，等，2005. 旱地不同冬小麦品种氮素营养的叶绿素诊断[J]. 植物营养与肥料学报，11(4)：461-466.

赵天成，刘汝亮，李友宏，等，2008. 用叶绿素仪预测水稻氮肥施用量的研究[J]. 宁夏农林科技，6：9-11.

赵犇，2012. 小麦临界氮浓度稀释模型构建及氮素诊断研究[D]. 南京：南京农业大学.

赵犇，姚霞，田永超，等，2013. 基于上部叶片 SPAD 值估算小麦氮营养指数[J]. 生态学报，33(3)：916-924.

赵越，2017. 基于高光谱的寒地水稻叶片氮素营养诊断研究[D]. 哈尔滨：东北农业大学.

臧英，侯晓博，汪沛，等，2019. 基于无人机遥感技术的黄华占水稻施肥决策模型研究[J]. 沈阳农业大学学报，50(3)：324-330.

张耀鸿，高文丽，胡继超，2008. 利用叶绿素计诊断水稻氮素营养的研究[J]. 江苏农业科学，6：256-257.

张浩，姚旭国，张小斌，等，2008. 基于多光谱图像的水稻叶片叶绿素和籽粒氮素含量检测研究[J]. 中国水稻科学，22(5)：555-558.

朱新开，盛海君，顾晶，等，2005. 应用 SPAD 值预测小麦叶片叶绿素和氮含量的初步研究[J]. 麦类作物学报，25(2)：46-50.

祝锦霞，邓劲松，林芬芳，等，2010. 水稻氮素机器视觉诊断最佳叶位和位点的选择研究[J]. 农业机械学报，41(4)：179-183.

BALASUBRAMANIAN V, MORALES A C, CRUZ R T, et al., 1998. On-farm adaptation of knowledge-intensive nitrogen management technologies for rice systems [J]. Nutrient Cycling in Agroecosystems, 53(1)：59-69.

BALASUBRAMANIAN V, MORALES A C, CRUZ R T, 2000. Chlorophyll meter threshold values for N management in wet direct seeded irrigated rice [J]. International Rice Research Notes, 25(2)：35-37.

CASSMAN K G, PENG S, Olk D C, 1998. Opportunities for increased nitrogen-use efficiency from improved resource management in irrigated rice systems[J]. Field crops research, 56(7)：7-39.

DEBAEKE P, ROUET P, JUSTES E, 2006. Relationship between the normalized SPAD index and the nitrogen nutrition index: application to durum wheat[J]. Journal of Plant Nutrition and soil science, 29(1)：75-92.

ESFAHANI M, ABBASI H, Rabiei B, et al., 2008. Improvement of nitrogen management in ricepaddy fields using chlorophyll meter (SPAD)[J]. Paddy and Water Environment, 6(2)：181-188.

FAGERIA N K, 2007. Yield physiology of rice [J]. Journal of Plant Nutrition, 30(6)：843-879.

HEL B O, SOLHAOG K A, 1998. Fect of irradianee on chlorophyll estima tionwiththe Minolta SPAD-502 led chlorophyll meter[J]. Annals of Botany, 82(3)：389-392.

KUNDU D K, LAHDA J K, 1995. Efficientm anagement ofsoiland biologically ed N2 in intensively cultivated rice fields[J]. Soil Bid. Bioehem, 27(4-5): 431-439.

LIN F F, QIU L F, DENG J S, et al., 2010. Investigation of SPAD meter based indices for estimating rice nitrogen status [J]. Computers and Electronics in Agriculture, 71(1): 60-65.

PENG S B, GARCIA F V, LAZA M R C, et al., 1993. Adjustment for specific leaf weight improves chlorophy meter´s estimate of rice leaf nitrogen concentration [J]. Agronomy Journal, 85(5): 987-990.

PENG S B, GARCIA F V, LAZA R C, et al., 1996. Increased N-use efficiency using a chlorophyll meter on high-yielding irrigated rice[J]. Field Crops Reserarch, 47(2-3): 243-252.

PROST L, JEUFFROY M H, 2007. Replacing the nitrogen nutrition index by the chlorophyll meter to assess wheat N status [J]. Agronomy for Sustainable Development, 27(4): 321-330.

RODRIGUEZ I R, MILLER G L, 2000. Using a chlorophyll meter to determine the chlorophyll concentration, itrogen concentration, and visual quality of St. Augustinegrass [J]. Hort Science, 35(4): 751-754.

TUMBO S D, WAGNER D G, HEINEMANN P H, 2002. Hyperspectral character-istics of corn plants under different chlorophyll levels[J]. Transaction of the ASABE, 45(3): 815-823.

TURNER F T, JUND M F, 1994. Assessing the nitrogen requirements of rice crops with a chlorophyll meter[J]. Animal Production Science, 34(7): 1001-1005.

TARKALSON D D, PAYERO J O, 2008. Comparison of nitrogen fertilization methods and rates for subsurface drip irrigated corn in the semiarid Great Plains [J]. Transactions of the ASABE, 51(5): 1633-1643.

TIAN Y C, YAO X, YANG J, et al., 2011. Assessing newly developed and published vegetation indices for estimating rice leaf nitrogen concentration with ground and space based hyperspectral reflectance[J]. Field Crops Research, 120: 299-310.

TORRES S J, PENA J M, DE CASTRO A I, et al., 2014. Multi-temporal mapping of the vegetation fraction in early-season wheat fields using images from UAV

［J］. Computers and Electronics in Agriculture, 103: 104-113.

ULRICH A, 1952. Physiological bases for assessing the nutritional requirements of plants［J］. Annual Review of Plant Physiology, 3(1): 207-228.

WILLMOTT CJ, 1982. Some comments on the evaluation of model performance ［J］. Bulletin of the American Meteorological Socirty, 63(11): 1309-1313.

WANG S H, ZHU Y, JIANG H D, et al. , 2005. Positional differences in nitrogen and sugar concentrations of upper leaves relate to plant N status in rice under different N rates［J］. Field Crops Research, 96(23): 224-234.

WANG Y, SHI P H, ZHANG G, et al. , 2016. A critical nitrogen dilution curve for Japonica rice based on canopy images ［J］. Field Crops Research, 198: 93-100.

WANG X L, YE T Y, ATA－UL－KARIM S T, et al. , 2017. Development of a critical nitrogen dilution curve based on leaf area duration in wheat［J］. Frontiers in Plant Science, 8: 1517.

XUE X, WANG J, WANG Z, 2008. Dertermination of a critical dilution curve for nitrogen concentration in cotton［J］. Journal of Plant Nutrition & Soil Science, 170(170): 811-817.

XIA T T, MIAO Y X, WU D L, et al. , 2016. Active optical sensing of spring maize for in season diagnosis of nitrogen status based on nitrogen nutrition index［J］. Remote Sensing, 8(7): 605.

YANG C M, LIU C C, WANG Y W, 2008. Using FORMOSAT-2 satellite data to estimate leaf area index of rice crop［J］. Journal of Photogrammetry and Remote Sensing, 13: 253-260.

YANG J, GREENWOOD D J, ROWELL D L, et al. , 2000. Statistical methods for evaluating a crop nitrogen simulation model［J］. Agricultural Systems, 64: 37-53.

YANG H, YANG J P, LV YM, et al. , 2014. SPAD values and nitrogen nutrition index for the evaluation of rice nitrogen status ［J］. Plant Production Science, 17(1): 81-92.

YUE S C, MENG Q F, ZHAO R F, et al. , 2012. Critical nitrogen dilution curve for optimizing nitrogen management of winter wheat production in the North China Plain ［J］. Agronomy Journal, 104(2): 523-529.

YUE S C, SUN F L, MENG Q F, et al. , 2014. Validation of a critical nitrogen curve for summer maize in the North China Plain[J]. Pedosphere, 24(1): 76-83.

YAO X, ATA-UL-KARIM S T, ZHU Y, et al. , 2014. Development of critical nitrogen dilution curve in rice based on leaf dry matter[J]. European Journal of Agronomy, 55(2): 20-28.

YAO X, ZHAO B, TIAN Y C, et al. , 2014. Using leaf dry matter to quantify the critical nitrogen dilution curve for winter wheat cultivated in eastern China[J]. Field Crops Research, 159: 33-42.

YIN M H, LI Y N, XU L Q, et al. , 2018. Nutrition diagnosis for nitrogen in winter wheat based on critical nitrogen dilution curves [J]. Crop Science, 58 (1): 416-425.

YUE Q, LEDO A, CHENG K, et al. , 2018. Re-assessing nitrous oxide emissions from croplands across mainland china[J]. Agriculture Ecosystems and Environment, 268, 70-78.

ZHOU Q, WANG J H, 2003. Comparison of upper leaf and lower leaf of rice plants in response to supplemental nitrogen levels[J]. Journal of Plant Nutrition, 26(3): 607-617.

ZHAO B, YAO X, TIAN Y C, et al. , 2014. New critical nitrogen curve based on leaf area index for winter wheat[J]. Agronomy Journal, 106(2): 379-389.

ZHAO B, ATA-UL-KARIM S T, LIU Z D, et al. , 2017. Development of a critical nitrogen dilution curve based on leaf dry matter for summer maize[J]. Field Crops Research, 208: 60-68.

ZHA H N, MIAO Y X, WANG T T, et al. , 2020. Improving unmanned aerial vehicle remote sensing-based rice nitrogen nutrition index prediction with machine learning[J]. Remote Sensing, 12(2): 215.

ZIADI N, BRASSARD M, BELANGER G, et al. , 2008. Chlorophyll measurements and nitrogen nutrition index fo the evaluation of corn nitrogen status[J]. Agronomy Journal, 100(5): 1264-1273.

第4章　基于机载多光谱的水稻氮素营养指数估算模型构建与验证

光谱遥感技术的原理是利用植物叶片和冠层的光谱特性，通过检测冠层或叶片的光学反射来分析植物的营养状况。同传统的作物营养诊断方法相比，光谱遥感技术具有大面积、无破坏、快速准确的优点。现在已成为农业生产应用中作物营养诊断的研究热点，并在精准农业中指导氮肥施用方面发挥着重要的作用。作物体内氮素亏缺或者过剩都会引起植株叶片颜色、叶片厚度、叶片水分含量和叶片形态结构等发生变化，从而可以引起冠层光谱特征的变化，这是光谱遥感技术诊断作物氮素状况的理论依据。目前，光谱遥感技术已经在水稻、玉米、大豆、小麦等多种作物中进行应用（Thomas et al.，1977；Tumbo et al.，2002；薛利红 等，2003；唐延林 等，2003；Jia et al.，2004；刘宏斌 等，2004；Miao et al.，2009）。Maderia 等（2000）认为叶片叶绿素含量与其光谱特征之间存在正相关关系。Thomas 等（1977）针对大豆的大面积种植采用遥感航空成像的技术分析大豆的氮素营养状况，研究结果表明，大豆冠层的成像特征与植株含氮量存在一定相关性。Tumbo 等（2002）认为引起光谱特征差异的主要因素是叶绿素，在玉米 V6 生长阶段，植株的叶绿素水平直接反映了植株的氮含量，可以依此建立模型。国内学者在利用光谱分析手段研究植物氮素营养诊断方面虽然起步较晚，但近年来也做了大量深入的研究。薛利红等（2003）研究了在不同施氮水平下水稻叶片及其冠层光谱反射特征与植株叶片含氮量等参数的关系，研究结果表明，水稻冠层光谱反射率与叶片含氮量呈显著相关。因此可以通过光谱特征来监测植株的氮素营养状况。

卫星遥感技术易受天气和地理环境的影响，影像数据获取困难并且作业成本高，地面遥感因其监测费时费力和作业效率低等缺点无法大面积进行遥感监测，因此无人机遥感作为二者的互补应运而生，其具有快速、高效、低成本、操作简单等优点在病虫草害防治、作物生长状态监测、作物面积提取与估产、无人机施肥决策等方面被大面积应用(王震 等，2018；裴信彪 等，2018；田明璐 等，2018；周瑞玲 等，2019；邵国民 等，2019；孙梅梅 等，2019；臧英 等，2019；吴方明 等 2019；詹国祥 等，2020)，特别是在中小型家庭农场、合作社等范围内具有良好的发展前景。前人研究大多数是用冠层光谱指数与植株含氮量、叶片含氮量、叶片 SPAD 值等指标构建氮素营养诊断模型，并且建立的模型多为单一时期的诊断模型(张浩，2008；张雨，2017；赵越，2017；裴信彪 等，2018；杨红云 等，2019；蒋仁安，2019；闫昱光，2019)。东北地区特别是黑龙江省寒地气候条件下基于冠层归一化植被指数(NDVI)与 NNI 的氮素营养诊断研究相对较少，因此本研究采用 NDVI 来估测关键生育时期寒地水稻氮素状况，以期为作物氮素营养诊断、长势分析等方面提供必要的数据支持，同时验证无人机多光谱遥感获取数据的有效性，为寒地粳稻氮素的合理施用提供更多的理论依据。

4.1　材料与方法

4.1.1　试验地概况

试验于 2016—2018 年在黑龙江省农业科学院五常水稻研究所试验田进行，试验区域处于黑龙江省第一积温带，属于大陆性季风气候，春季低温干旱，夏季高温多雨，降雨主要集中在 6~8 月，无霜期在 142 天左右。土壤为黑土，有机质含量 3.7 g·kg^{-1}，全氮 2.35 g·kg^{-1}，全磷 2.15 g·kg^{-1}，全钾 17.5 g·kg^{-1}，速效氮 114 ppm，速效磷 37.8 ppm，速效钾 156 ppm，pH 6.59。

4.1.2　试验设计

本书选用黑龙江省第一积温带主栽的 2 个水稻品种(五优稻 4 号和松粳 9 号)进行大田试验。五优稻 4 号(稻花香 2 号)生育期 147 天，株高 122 cm 左右，分蘖能力强；松粳 9 号生育期 142 天，株高 100 cm 左右，分蘖能力强。氮肥设置 5 个水平：0、60、120、180、240（kg·hm^{-2}），分别用 N0、N60、N120、N180、N240 表示。氮肥分 3 次施用，即基肥:返青分蘖肥:穗肥 = 5:3:2，质量比 N:P:K = 2:1:2，磷钾肥全部基施。氮肥为尿素和硫酸铵，磷肥为过磷酸钙，钾肥为氯化钾。2016—2018 年进行了 3 年田间试验，小区面积 20 m²（5 m×4 m），3 次重复，随机区组排列，共 30 个小区。采用旱育稀植、大棚育秧等生产技术，2016 年 4 月 10 日育苗，5 月 20 日移栽，9 月 25 日收获；2017 年 4 月 8 日育苗，5 月 18 日移栽，9 月 24 日收获；2018 年 4 月 9 日育苗，5 月 22 日移栽，9 月 25 日收获。株、行距为 30 cm×20 cm，每穴 3 苗，病虫草害防治同常规管理。

4.1.3 测试指标与方法

1. 无人机遥感冠层光谱数据采集

2016—2017 年在水稻生长的分蘖期、拔节期、孕穗期、抽穗期、灌浆期等关键生育时期，采用 4 轴 8 旋翼无人机（EWT-S1）搭载美国 Tetracam 公司生产的 mini-MCA 6 Equipped with Incident Light Sensor 多光谱阵列相机采集水稻冠层光谱数据（图 4-1 至图 4-4）。该多光谱相机有 6 个波段光谱采集通道，其中包括蓝光（470 nm）、绿光（550 nm）、红光（690 nm）、橙红光（660 nm）、红边（710 nm）、近红外（810 nm）波段，每个通道使用直径为 25 mm 的滤光片，焦距为 9.6 mm 定焦，图像存储采用 RAW 格式。作业时无人机飞行高度为 100 m，安全巡航速度在 15 m/s 左右，地面分辨率为 0.05 m，地面铺有黑白灰不同反射率的定标毯，铺设位置要确保拍摄的影像使试验田和定标毯在同一幅图像中，替代采集数据前后使用白板的校验，为了获得良好的影像，时间定为 10：00～14：00，选择晴朗无云的天气进行冠层光谱数据的采集，飞行过程配合 EWT-S1 无人机地面站获取摄像点位置和姿态。使用 mini-MCA 6 多光谱相机自带的图像处理软件 Piexl Wrench 2 对多光谱图像进行预处理完成大气校正和辐射定标，因对无人机遥控系统进行了改装，在多光谱相机和远程操控系统上增加了一个弱电单片机闭合系统，实现远程操控多光谱相机快门，配合地面接收系统拍摄所需要的区域，因此影像完全覆盖了整个试验小区，不需要进行图像拼接。在图像处理软件 Piexl Wrench 2 中选定测定区域，提取冠层 NDVI 值。

2. 生育时期调查

移栽缓苗后，对每个小区进行定植，每 7 天测量一次分蘖和株高，并记录生育时期。

图 4-1　4 轴 8 旋翼无人机

图 4-2　mini-MCA 6 多光谱相机

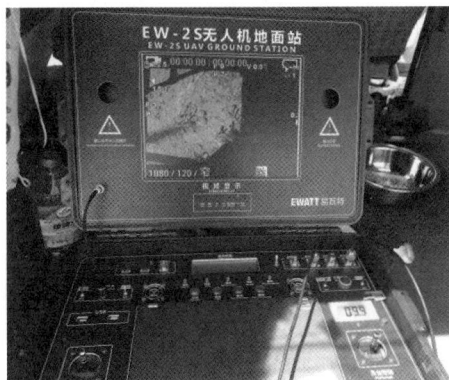

图 4-3　4 轴 8 旋翼无人机平台

图 4-4　田间作业

3. 叶片干物质的测定

在水稻生长关键时期(分蘖期、穗分化始期、拔节期、孕穗期、抽穗期),每小区取代表性植株 5 株,按茎、叶、穗单独分装标记,将其放置烘箱内,于 105 ℃ 杀青 30 min,之后 80 ℃ 下烘干至恒重。用百分之一天平,对各器官干物质称重,并根据种植密度折算单位面积叶片干物质重。

4. 水稻叶片含氮量的测定

将烘干至恒重的叶片粉碎，放于自封袋内，在室温下保存直至进一步化学分析。采用凯氏定氮法测定叶片含氮量（陆震州，2015）。

4.1.4　模型的构建与检验方法

利用 2017 年试验数据进行寒地水稻冠层归一化植被指数（NDVI）和叶片含氮量（LNC）、氮营养指数（NNI）、第 4 片完全展开叶 SPAD 值（L4）、第 4 片完全展开叶归一化 SPAD 指数（NSI4）的相关分析，利用回归拟合方法确定寒地水稻氮营养指数光谱模型。利用 2016 年独立试验数据进行验证，模型的验证采用国际上通用的均方根误差（RMSE）、标准均方根误差（nRMSE）和决定系数 R^2 值等指标对所构建的模型进行评价，具体内容与第 2 章相同。

试验数据采用 Microsoft Excel 2016 和 SPSS 22.0 统计分析软件进行数据计算和统计分析，采用 GraphPad Prism 7.0 绘图软件绘图。

4.2　结果与分析

4.2.1　不同施氮水平关键生育时期冠层 NDVI 变化规律

如图 4-5 所示，两个水稻品种冠层归一化植被指数（NDVI）在整个生育时期表现为先升高后降低的趋势，随着施氮水平的增加 NDVI 增加，但随着施氮水平的增加，冠层 NDVI 的增加逐渐缓慢。生育前期水稻生长未封行时受裸露地表和水层的影响，NDVI 相对较低，因此下文在水稻拔节期、孕穗期和抽穗期分别开展冠层 NDVI 与氮营养指标（叶片含氮量、氮营养指数）和冠层叶片 SPAD 指标的回归分析。

4.2.2　不同施氮水平的寒地水稻氮素营养状况

不同施氮水平的寒地水稻氮素营养状况方差分析结果如表 4-1 所示，2017 年 5 个施肥水平下对不同品种水稻叶片含氮量（LNC）、氮营养指数（NNI）、顶部第 4 片完全展叶 SPAD 值（L4）、第 4 片完全展开叶归一化 SPAD 指数（NSI4）等数据展开分析，在本研究试验条件下，从拔节期到抽穗期寒地水稻冠层氮素营养状况主要受施肥水平的影响，不同施氮水平处理间均呈极显著差异（$p<0.01$），利用遥感等手段可以监测水稻冠层氮素营养状况。

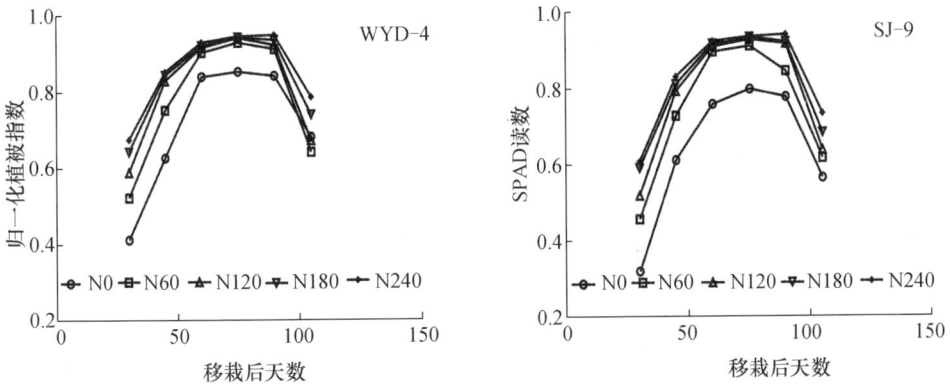

WYD-4—五优稻 4 号水稻品种；SJ-9—松粳 9 号水稻品种；

N0~N240—不同施氮水平：0、60、120、180、240（kg·hm^{-2}）。

图 4-5　不同施氮水平、不同水稻品种冠层 NDVI 在不同生育期的变化

表 4-1　不同施氮水平氮素营养状况方差分析

指标	变异来源	平方和	自由度 df	均方	F 值	p 值
叶片含氮量（LNC）	群组间	4.958	4	1.240	9.205	0.000
	群组内	11.446	85	0.135		
	总计	16.404	89			
氮营养指数（NNI）	群组间	2.136	4	0.534	227.181	0.000
	群组内	0.200	85	0.002		
	总计	2.335	89			
L4	群组间	2 251.713	4	562.928	122.833	0.000
	群组内	389.546	85	4.583		
	总计	2 641.259	89			
NSI4	群组间	0.996	4	0.249	139.090	0.000
	群组内	0.152	85	0.002		
	总计	1.148	89			

不同生育时期的寒地水稻氮素营养状况方差分析结果如表4-2所示，从表中可以看出不同生育时期NNI、L4、NSI4差异不显著($p>0.05$)，叶片含氮量在拔节期、孕穗期和抽穗期间差异极显著($p<0.01$)。

表4-2　不同生育期氮素营养状况方差分析

指标	变异来源	平方和	自由度 df	均方	F 值	p 值
叶片含氮量（LNC）	群组间	10.941	2	5.470	87.112	0.000
	群组内	5.463	87	0.063		
	总计	16.404	89			
氮营养指数（NNI）	群组间	0.057	2	0.028	1.082	0.344
	群组内	2.279	87	0.026		
	总计	2.335	89			
L4	群组间	44.086	2	22.043	0.738	0.481
	群组内	2 597.173	87	29.853		
	总计	2 641.259	89			
NSI4	群组间	0.014	2	0.007	0.556	0.576
	群组内	1.134	87	0.013		
	总计	1.148	89			

4.2.3　不同水稻品种冠层 NDVI 与氮素营养状况指标相关分析

本研究氮素营养指标主要包括叶片含氮量、氮营养指数、第4完全展开叶SPAD值、第4完全展开叶归一化SPAD指数。由表4-3可以看出，两个水稻品种在不同生育时期冠层NDVI与氮营养指标存在显著的正相关关系（拔节期呈极显著正相关、孕穗期和抽穗期呈显著相关关系）。五优稻4号水稻叶片含氮量和氮营养指数分别与冠层NDVI在不同生育时期的线性决定系数 R^2 范围为 0.518~0.911 和 0.521~0.941，松粳9号水稻叶片含氮量和氮营养指数分别与冠层

NDVI 在不同生育时期的线性决定系数 R^2 范围为 0.577~0.738 和 0.531~0.767。五优稻 4 号水稻品种冠层 NDVI 与 L4 和 NSI4 线性决定系数 R^2 范围分别为 0.574~0.814 和 0.548~0.817；松粳 9 号水稻品种冠层 NDVI 与 L4 和 NSI4 线性决定系数 R^2 范围分别为 0.521~0.782 和 0.519~0.762。整体上来看，五优稻 4 号水稻品种的线性相关决定系数 R^2 高于松粳 9 号水稻品种。

表 4-3　不同水稻品种不同生育时期冠层 NDVI 与氮素指标的线性决定系数

品种	指标	决定系数(R^2)		
		拔节期	孕穗期	抽穗期
五优稻 4 号 （WYD-4）	叶片含氮量（LNC）	0.911 **	0.518 *	0.609 *
	氮营养指数（NNI）	0.941 **	0.521 *	0.626 *
	第 4 叶 SPAD 值（L4）	0.814 **	0.651 **	0.574 *
	归一化 SPAD 值（NSI4）	0.817 **	0.586 *	0.548 *
松粳 9 号 （SJ-9）	叶片含氮量（LNC）	0.738 **	0.637 **	0.577 *
	氮营养指数（NNI）	0.767 **	0.531 *	0.583 *
	第 4 叶 SPAD 值（L4）	0.782 **	0.619 **	0.521 *
	归一化 SPAD 值（NSI4）	0.762 **	0.619 **	0.519 *

注：** 表示 0.01 显著水平；* 表示 0.05 显著水平；$n=15$，$r_{0.01}=0.641$，$r_{0.05}=0.514$。

　　两个品种在拔节期，氮素营养指标（LNC、NNI、L4、NSI4）与冠层 NDVI 的线性决定系数 R^2 都是最高的（$p<0.01$）；随着生育进程的发展，氮素营养指标与冠层 NDVI 的线性决定系数 R^2 相继降低，可能是在孕穗期以后，水稻陆续抽穗开花，冠层光谱测定发生了变化，从而导致冠层 NDVI 发生变化。NNI 是氮素营养诊断的有效手段，因方差分析 NNI 受生育时期影响不显著，因此对三个生育时期数据进行汇总分析，结果如表 4-4 所示。汇总三个生育时期，两个品种冠层 NDVI 与 NNI 存在显著的相关性，松粳 9 号的线性决定系数 R^2 为 0.479（$p<0.01$），五优稻 4 号的线性决定系数 R^2 为 0.360（$p<0.05$），将进一步进行回归建模分析。

表4-4   NDVI 与氮素指标相关性分析

品种	指标 I	决定系数(R^2)
五优稻 4 号（WYD-4）	氮营养指数（NNI）	0.360[*]
松粳 9 号（SJ-9）	氮营养指数（NNI）	0.479[**]

注：[**]表示 0.01 显著水平；[*]表示 0.05 显著水平；$n=45$，$r_{0.01}=0.372$，$r_{0.05}=0.288$。

4.2.4   冠层 NDVI 与 NNI 的氮素诊断模型构建

表4-5、表4-6、表4-7 列出了不同生育时期（拔节期、孕穗期、抽穗期）两个品种冠层 NDVI 与 NNI 之间的指数、对数、二次项、幂函数、比较线性等五种模型，选取决定系数 R^2、均方根误差 RMSE、标准均方根误差 nRMSE 确定特定生育时期的诊断模型。两个品种在拔节期、孕穗期和抽穗期建模决定系数均表现为二次项模型最高，指数模型次之，五优稻 4 号水稻品种在三个生育时期指数模型的建模决定系数 R^2 分别为 0.781（$p<0.01$）、0.564（$p<0.05$）、0.629（$p<0.05$），松粳 9 号水稻品种在三个生育时期指数模型的建模决定系数 R^2 分别为 0.985（$p<0.01$）、0.556（$p<0.05$）、0.699（$p<0.01$）。经验证，五优稻 4 号不同模型验证决定系数 R^2 范围分别为 0.613~0.923，RMSE 范围分别为 0.07~0.15，nRMSE 范围分别为 7.40%~15.11%；松粳 9 号不同模型验证决定系数 R^2 范围分别为 0.385~0.881，RMSE 范围分别为 0.07~0.18，nRMSE 范围分别为 7.53%~18.95%。

表4-5   不同水稻品种拔节期冠层 NDVI 与 NNI 回归分析模型

品种	类型	建模	验证		
		决定系数(R^2)	决定系数(R^2)	均方根误差（RMSE）	标准均方根误差（nRMSE）（%）
五优稻 4 号（WYD-4）	指数	0.781[**]	0.829[**]	0.07	7.40
	比较线性	0.767[**]	0.800[**]	0.08	7.92
	对数	0.735[**]	0.775[**]	0.08	8.35
	二次项	0.973[**]	0.923[*]	0.09	9.24
	幂函数	0.750[**]	0.805[**]	0.08	7.86

表 4-5　（续）

品种	类型	建模	验证		
		决定系数(R^2)	决定系数(R^2)	均方根误差(RMSE)	标准均方根误差(nRMSE)(%)
松粳 9 号（SJ-9）	指数	0.958**	0.881**	0.09	10.12
	比较线性	0.941**	0.880**	0.09	10.11
	对数	0.931**	0.877**	0.09	10.13
	二次项	0.955**	0.874**	0.09	10.27
	幂函数	0.952**	0.880**	0.09	10.11

注：** 为 0.01 显著水平；* 为 0.05 显著水平；$n=15$，$r_{0.01}=0.641$，$r_{0.05}=0.514$。

表 4-6　不同水稻品种孕穗期冠层 NDVI 与 NNI 回归分析模型

品种	类型	建模	验证		
		决定系数(R^2)	决定系数(R^2)	均方根误差(RMSE)	标准均方根误差(nRMSE)(%)
五优稻 4 号（WYD-4）	指数	0.564*	0.766**	0.07	7.57
	比较线性	0.531*	0.751**	0.08	8.18
	对数	0.519**	0.742**	0.08	8.45
	二次项	0.904**	0.853**	0.15	15.11
	幂函数	0.552*	0.756**	0.08	7.85
松粳 9 号（SJ-9）	指数	0.556*	0.753**	0.07	7.53
	比较线性	0.521*	0.721**	0.08	8.68
	对数	0.509	0.702**	0.09	8.80
	二次项	0.900**	0.467	0.18	18.94
	幂函数	0.543*	0.733*	0.07	7.64

注：** 为 0.01 显著水平；* 为 0.05 显著水平；$n=15$，$r_{0.01}=0.641$，$r_{0.05}=0.514$。

表 4-7   不同水稻品种抽穗冠层 NDVI 与 NNI 回归分析模型

品种	类型	建模	验证		
		决定系数(R^2)	决定系数(R^2)	均方根误差（RMSE）	标准均方根误差（nRMSE）（%）
五优稻 4 号（WYD-4）	指数	0.629*	0.651**	0.10	9.68
	比较线性	0.583*	0.625*	0.10	9.99
	对数	0.573**	0.613*	0.10	10.18
	二次项	0.875**	0.863**	0.10	10.98
	幂函数	0.619*	0.638*	0.12	9.87
松粳 9 号（SJ-9）	指数	0.699**	0.845**	0.08	8.93
	比较线性	0.626*	0.802**	0.09	10.47
	对数	0.618*	0.785**	0.10	10.83
	二次项	0.788**	0.385	0.18	18.95
	幂函数	0.692**	0.829**	0.09	9.28

注：** 为 0.01 显著水平；* 为 0.05 显著水平；$n = 15$，$r_{0.01} = 0.641$，$r_{0.05} = 0.514$。

综合对比建模决定系数 R^2、验证决定系数 R^2、均方根误差 RMSE、标准均方根误差 nRMSE 等指标，两个品种在三个生育时期采用指数模型建模效果最佳。

在拔节期诊断模型如下。

五优稻 4 号：

$$NNI = 0.2516e^{1.7756NDVI}, \quad R^2 = 0.781 \quad (p < 0.01) \tag{4-1}$$

松粳 9 号：

$$NNI = 0.2929e^{1.524NDVI}, \quad R^2 = 0.985 \quad (p < 0.01) \tag{4-2}$$

在孕穗期诊断模型如下。

五优稻 4 号：

$$NNI = 0.1882e^{1.8591NDVI}, \quad R^2 = 0.564 \quad (p < 0.05) \tag{4-3}$$

松粳 9 号：

$$NNI = 0.1783e^{1.9456NDVI}, \quad R^2 = 0.556 \quad (p < 0.05) \tag{4-4}$$

在抽穗期诊断模型如下。

五优稻 4 号：

$$NNI = 0.096\ 3e^{2.589\ 3NDVI},\ R^2 = 0.629 \quad (p<0.05) \tag{4-5}$$

松粳 9 号：

$$NNI = 0.064\ 2e^{3.046\ 6NDVI},\ R^2 = 0.699 \quad (p<0.01) \tag{4-6}$$

表 4-8　不同水稻品种冠层 NDVI 与 NNI 回归分析模型

品种	类型	建模	验证		
		决定系数(R^2)	决定系数(R^2)	均方根误差（RMSE）	标准均方根误差（nRMSE）(%)
五优稻 4 号（WYD-4）	指数	0.376**	0.335*	0.12	12.43
	对数	0.351*	0.322*	0.13	12.61
	二次项	0.366*	0.339*	0.12	12.45
	幂函数	0.368*	0.329*	0.12	12.49
	比较线性	0.360*	0.330*	0.12	12.54
松粳 9 号（SJ-9）	指数	0.502**	0.666**	0.10	10.36
	对数	0.463**	0.659**	0.10	10.85
	二次项	0.505**	0.644**	0.10	11.01
	幂函数	0.489**	0.664**	0.10	10.38
	比较线性	0.479**	0.664**	0.10	10.79

注：** 表示 0.01 显著水平；* 表示 0.05 显著水平；$n=45$，$r_{0.01}=0.372$，$r_{0.05}=0.288$。

由表 4-8 汇总了从拔节-抽穗期两个水稻品种冠层 NDVI 与 NNI 之间的指数、比较线性、对数、二次项、幂函数等五种模型的建模决定系数 R^2、验证决定系数 R^2、均方根误差 RMSE、标准均方根误差 nRMSE。五优稻 4 号指数模型决定系数最高，R^2 为 0.376($p<0.01$)，松粳 9 号二次项模型决定系数最高，R^2 为 0.505($p<0.01$)。但同时综合考虑模型验证决定系数 R^2、均方根误差 RMSE、标准均方根误差 nRMSE 等评价指标，结果表明两个品种采用指数模型建模效果更佳，虽然间期(拔节-抽穗期)模型决定系数 R^2 低于单一时期模型决定系数 R^2，但均达到了 0.01 极显著水平。拔节-孕穗期间期模型如下。

五优稻 4 号：

$$NNI = 0.391\ 6e^{1.080\ 9NDVI},\ R^2 = 0.376 \quad (p<0.01) \tag{4-7}$$

松粳 9 号：

$$NNI = 0.332\ 5e^{1.270\ 5NDVI},\ R^2 = 0.502 \quad (p < 0.01) \tag{4-8}$$

4.2.5　冠层 NDVI 与 NNI 的氮素诊断模型验证

本研究使用 2016 年独立试验数据对拔节-孕穗期冠层 NDVI 与 NNI 建立的氮素诊断间期模型进行验证，如图 4-6 所示，五优稻 4 号水稻品种 R^2、RMSE、nRMSE 分别为 0.335、0.12、12.43%。松粳 9 号水稻品种 R^2、RMSE、nRMSE 分别为 0.666、0.10、10.36%。NNI 观测值和模拟值的关系较好，两个品种的模型精度评判值 RMSE 较小，且模型稳定性评判值 nRMSE 基本上在 20% 以内，模型表现稳定，达到了较好的水平，说明根据冠层 NDVI 与 NNI 所构建的氮素诊断间期模型具有较高的预测精度和较好的稳定性，可以进一步用于寒地水稻的氮素营养诊断。

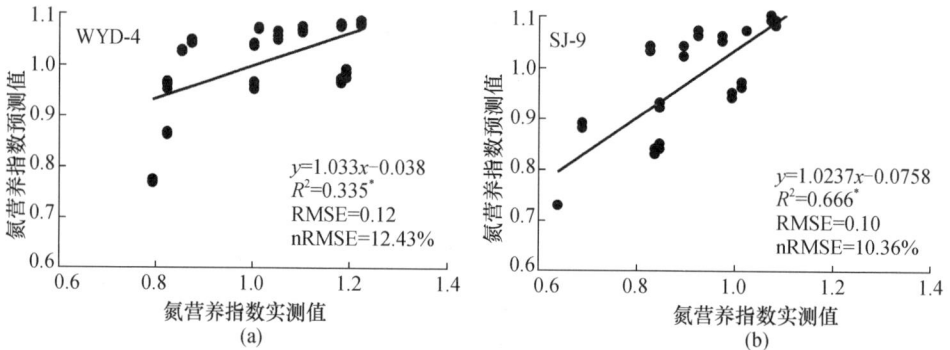

WYD-4—五优稻 4 号水稻品种；SJ-9—松粳 9 号水稻品种；

* * —0.01 显著水平；* —0.05 显著水平；$n = 45$，$r_{0.01} = 0.372$，$r_{0.05} = 0.288$。

图 4-6　不同水稻品种 NNI 的观测值与预测值的相关关系

4.3　讨论与结论

4.3.1　讨论

卢艳丽等（2008）在冬小麦的研究中发现，叶片含氮量、叶绿素含量与冠层 NDVI 在拔节期和乳熟期的线性相关性同 SPAD 值一致，可以在冬小麦的拔节期进行氮素诊断。本研究结果发现，分蘖初期冠层归一化植被指数 NDVI 较低，因为水稻生长前期未封行，土壤背景及水层对光谱测定有一定的影响，所以水稻生长前期的冠层归一化植被指数 NDVI 受土壤背景的影响不宜进行氮素营养诊断，这与陈青春等(2014)水稻氮素的估测研究结果一致，利用 Green Seeker 进行氮素估测时虽然相关性系数较高，但是 RMSE 和 nRMSE 同样也很高，模型的精确性和稳定性较差。所以在监测时要在水稻植株封行后进行测定，减少估测误差，提高估测精度和模型的稳定性。

NDVI 是反映植被覆盖度的一个重要的指标，可以消除大部分与仪器定标、太阳角、地形、云阴影和大气条件有关辐照度的变化，增强了植被指数的响应能力，是目前已有的多种植被指数中应用最为广泛的一个植被指数。NDVI 与作物的氮素状况密切相关，众多学者使用归一化植被指数 NDVI 在不同作物中进行各项指标的估测(卢艳丽 等，2008；郭建华 等，2008；Raun et al.，2002；陈青春 等，2014)，因此用 NDVI 进行氮素营养诊断更符合生物学的规律。本研究在基于叶片干物质临界氮浓度稀释曲线模型的基础上利用无人机搭载多光谱相机获取冠层 NDVI，并构建冠层 NDVI 与 NNI 的氮素估测模型进而估测不同施氮水平下寒地粳稻的 NNI 值，运用氮营养指数基本理论指导田间精准施肥。因为冠层 NDVI 易受田间辐射、土壤背景、水层等因素的影响，所构建的模型虽在 0.01 水平极显著，但决定系数相对较低，今后仍需将上述因素考虑在内，探索新的建模方法继续完善试验结果。

本研究所使用的多光谱相机能获得 6 个波段，涵盖了反应作物氮素状况的红边波段，与几百个波段的光谱相机相比，保留了有效波段光谱信息，减少了冗长信息和数据处理的工作量，使用相机自带的软件提取 NDVI 简单方便，便于应用和实际操作。但是农业低空遥感技术仍然是一个复杂的系统工程，我国在此领域仍处于初级阶段，今后仍需要进行深入研究。

4.3.2　结论

本章根据经验模型，评估了基于无人机 mini-MCA 6 多光谱相机的寒地水稻氮素营养指标的估测能力。从拔节到抽穗期不同施氮水平冠层氮素营养状况差异显著，可以利用遥感等手段监测水稻冠层氮素营养状况。冠层 NDVI 在水稻生长的关键时期(拔节期、孕穗期、抽穗期)可以较好地估测叶片含氮量(R^2 =

0.518~0.911）、氮营养指数 NNI（$R^2 = 0.521~0.941$）、第 4 叶 SPAD 值 L4（$R^2 = 0.521~0.814$）、第 4 叶归一化 SPAD 值 NSI4（$R^2 = 0.519~0.817$）。NNI 结合了叶片含氮量和叶片干物质重特征，方差分析结果表明，寒地水稻 NNI 的监测受生育时期影响较小。通过比较决定系数 R^2、RMSE、nRMSE 等指标，归一化植被指数 NDVI 估测 NNI 时指数模型效果最佳。五优稻 4 号：NNI = $0.391\,6e^{1.080\,9\,\text{NDVI}}$，$R^2 = 0.376（p < 0.01）$，RMSE = 0.12，nRMSE = 12.43%；松粳 9 号：NNI = $0.332\,5e^{1.2705\,\text{NDVI}}$，$R^2 = 0.502（p < 0.01）$，RMSE = 0.10，nRMSE = 10.36%。研究结果表明，无人机平台搭载多光谱相机对寒地水稻冠层氮素状况的动态监测具有较好的可行性，可以解决破坏性取样费时费力和局限性等问题，是中小型区域尺度应用的良好选择。

参 考 文 献

曹强，田兴帅，马吉锋，等，2020. 中国三大粮食作物临界氮浓度稀释曲线研究进展[J]. 南京农业大学学报，43(03)：392-402.

陈防，鲁剑巍，1996. SPAD-502 叶绿素计在作物营养快速诊断上的应用初探[J]. 湖北农业科学，2：31-34.

陈温福，2010. 北方水稻生产技术问答[M]. 3 版. 北京：中国农业出版社.

陈晓群，张学军，白建忠，等，2010. 基于水稻不同生育期叶绿素值推荐追施氮量的研究初报[J]. 中国农学通报，26(7)：147-151.

陈晓阳，钱秋平，赵秀峰，等，2013. 水稻叶片 SPAD 空间分布与氮素营养及种植密度的关系[J]. 江西农业学报，25(5)：13-15.

陈青春，吴继贤，秦彦博，等，2014. 基于 Green Seeker 的水稻氮素估测[J]. 中国农业大学学报，19(6)：49-55.

查海涅，2016. 基于卫星遥感的水稻生长监测与氮素营养诊断系统[D]. 滁州：安徽科技学院.

董钻，王术，2018. 作物栽培学总论[M]. 北京：中国农业出版社.

丁艳锋，赵长华，王强盛，2003. 穗肥施用时期对水稻氮素利用及产量的影响[J]. 南京农业大学学报，26(4)：5-8.

冯伟，王永华，谢迎新，等，2008. 作物氮素诊断技术的研究综述[J]. 中国农学通报，24(11)：179-185.

郭建华，赵春江，王秀，等，2008. 作物氮素营养诊断方法的研究现状及进展
　　[J]. 中国土壤与肥料，4：10-14.

蒋仁安，2019. 基于高光谱的水稻氮素营养监测研究[D]. 南昌：江西农业大学.

卢宪菊，郭新宇，温维亮，等，2019. 东北地区春玉米临界氮浓度稀释曲线的建
　　立和验证[J]. 中国农业科技导报，21(11)：77-83.

卢艳丽，白由路，杨俐苹. 2008. 利用 Green Seeker 法诊断春玉米氮素营养状况
　　的研究[J]. 玉米科学，16(1)：11-114.

陆震洲，2015. 长江下游稻作区水稻临界氮浓度和光谱指数模型研究[D]. 南京：
　　南京农业大学.

罗元利，2014. 基于多光谱成像的氮素胁迫下玉米营养诊断的研究[D]. 哈尔滨：
　　东北农业大学.

吕川根，宗寿余，邹江石，等，2005. 水稻叶片形态因子及其在 F1 代的遗传
　　[J]. 作物学报，31(8)：1074-1079.

吕茹洁，商庆银，陈乐，等，2018. 基于临界氮浓度的水稻氮素营养诊断研究
　　[J]. 植物营养与肥料学报，24(5)：1396-1405.

梁效贵，张经廷，周丽丽，等，2013. 华北地区夏玉米临界氮稀释曲线和氮营养
　　指数研究[J]. 作物学报，39(2)：292-299.

刘宏斌，张云贵，李志宏，等，2004. 光谱技术在冬小麦氮素营养诊断中的应用
　　研究[J]. 中国农业科学，37(11)：1743-1748.

马晓晶，张小涛，黄玉芳，等，2017. 小麦叶片临界氮浓度稀释曲线的建立与应
　　用[J]. 植物生理学报，53(7)：1313-1321.

裴信彪，吴和龙，马萍，等，2018. 基于无人机遥感的不同施氮水稻光谱与植被
　　指数分析[J]. 中国光学，11(5)：832-840.

彭少兵，黄见良，钟旭华，等，2002. 提高中国稻田氮肥利用率的研究策略[J].
　　中国农业科学，5(9)：1095-1103.

彭显龙，刘元英，罗盛国，等，2006. 实地氮肥管理对寒地水稻干物质积累和产
　　量的影响[J]. 中国农业科学，39(11)：2286-2293.

秦志伟，2015. "农业 4.0"已露尖尖角[J]. 农村·农业·农民(B 版)，9：4-6.

邵国民，骆琴，何信富，等，2019. 植保无人机防除水稻直播田杂草效果评价

[J]. 中国稻米, 25(6)：89-92.

沈掌泉, 王珂, 朱君艳, 2002. 叶绿素计诊断不同水稻品种氮素营养水平的研究初报[J]. 科技通报, 18(3)：173-176.

宋玉柱, 2018. 寒地水稻冠层氮素含量高光谱估测研究[D]. 哈尔滨：东北农业大学.

孙梅梅, 谌江华, 任少鹏, 2019. 添加助剂对无人机喷雾技术防治水稻害虫的效果评价[J]. 湖南农业科学, 9：55-57.

唐延林, 王人潮, 张金恒, 等, 2003. 高光谱与叶绿素计快速测定大麦氮素营养状况研究[J]. 麦类作物学报, 23(1)：63-66.

田明璐, 班松涛, 袁涛, 等, 2018. 基于低空无人机多光谱遥感的水稻倒伏监测研究[J]. 上海农业学报, 34(6)：88-93.

吴方明, 张淼, 吴炳方, 2019. 无人机影像的面向对象水稻种植面积快速提取[J]. 地球信息科学学报, 21(5)：789-798.

王远, 2015. 基于可见光图像的水稻氮素营养诊断和推荐施肥研究[D]. 北京：中国科学院大学.

王晓玲, 2017. 长江中下游稻麦两熟区冬小麦植株器官临界氮浓度模型构建及氮素诊断调控研究[D]. 南京：南京农业大学.

王震, 褚桂坤, 张宏建, 等, 2018. 基于无人机可见光图像 Haar-like 特征的水稻病害白穗识别[J]. 农业工程学报, 34(20)：73-82.

王宇恒, 2019. 多旋翼无人机的发展历程及构型分析[J]. 科技传播, 11(22)：142-144.

王红蕾, 宋丽娟, 张宇, 等, 2019. 科技创新在黑龙江省乡村振兴中的作用浅析[J]. 农学学报, 9(12)：96-100.

薛利红, 曹卫星, 罗卫红, 等, 2003. 基于冠层反射光谱的水稻群体叶片氮素状况监测[J]. 中国农业科学, 36(7)：807-812.

杨红云, 周琼, 杨珺, 等, 2019. 基于高光谱的水稻叶片氮素营养诊断研究[J]. 浙江农业学报, 31(10)：1575-1582.

闫昱光, 2019. 基于多光谱图像的水稻估产模型研究[D]. 哈尔滨：东北农业大学.

周瑞岭, 范辉, 2019. 农用无人机在水稻病虫害防治中的应用[J]. 农业开发与装备, 12：63-65.

臧英，侯晓博，汪沛，等，2019. 基于无人机遥感技术的黄华占水稻施肥决策模型研究[J]. 沈阳农业大学学报，50(3)：324-330.

詹国祥，康丽芳，端木和林，2020. 极飞 P20 无人机水稻病虫害飞防效果试验与分析[J]. 农业装备技术，46(1)：18-19.

张浩，姚旭国，张小斌，等，2008. 基于多光谱图像的水稻叶片叶绿素和籽粒氮素含量检测研究[J]. 中国水稻科学，5：555-558.

张雨，2017. 基于无人机遥感的水稻氮素营养诊断研究[D]. 哈尔滨：东北农业大学.

赵越，2017. 基于高光谱的寒地水稻叶片氮素营养诊断研究[D]. 哈尔滨：东北农业大学.

OLIVEIRA A D, CANTÍDIO E, GAVA D C, et al., 2013. Determining a critical nitrogen dilution curve for sugarcane[J]. Journal of Plant Nutrition and Soil Science, 176(5)：712-723.

ARGENTA G, SILVA P R D, SANGOI L, 2004. Leaf relative chlorophyll content as an indicator parameter to predict nitrogen fertilization in maize[J]. Ciencia Rural, 34(5)：1379-1387.

ATA-UL-KARIM S T, 2012. Study on critical nitrogen dilution curve and diagnosis model for Japonica rice in east China[D] Nanjing：Nanjing Agricultural University.

ATA-UL-KARIM S T, YAO X, LIU X J, et al., 2013. Development of critical nitrogen dilution curve of Japonica rice in Yangtze River Reaches[J]. Field Crops Research, 149：149-158.

ATA-UL-KARIM S T, ZHU Y, YAO X, et al., 2014a. Dertermination of critical nitrogen dilution curve based on leaf area index in rice[J]. Field Crops Research 167：76-85.

ATA-UL-KARIM S T, YAO X, LIU X J, et al., 2014. Dertermination of critical nitrogen dilution curve based on stem dry matter in rice[J]. PLoS One, 9(8)：e104540.

ATA-UL-KARIM S T, LIU X J, LU Z Z, et al., 2016. In-season estimation of rice grain yield using critical nitrogen dilution curve[J]. Field Crops Research, 195：1-8.

❖ ATA-UL-KARIM S T, LIU X J, LU Z Z, et al. , 2017. Estimation of nitrogen fertilizer requirement for rice crop using critical nitrogen dilution curve[J]. Field Crops Research, 201: 32-40.

ATA-UL-KARIM S T, ZHU Y, LIU X J, et al. , 2017. Comparison of different criticalnitrogen dilution curves fornitrogen diagnosis in rice[J]. Scientific Reports, 7: 42679.

ATA-UL-KARIM S T, ZHU Y, CAO Q, et al. , 2017. In-season assessment of grain protein and amylose content in rice using critical nitrogen dilution curve [J]. European Journal of Agronomy, 90: 139-151.

BLACKNLER T M, MSEHEPERS J S, VHREL G E, 1994. Light reflectance compared with other nitrogen stress measurements in corn leaves[J]. Agronomy Journal, 86(6): 934-938.

BALASUBRAMANIAN V, MORALES A C, CRUZ R T, et al. , 1998. On-farm adaptation of knowledge-intensive nitrogen management technologies for rice systems [J]. Nutrient Cycling in Agroecosystems, 53(1): 59-69.

BALASUBRAMANIAN V, MORALES A C, CRUZ R T, 2000. Chlorophyll meter threshold values for N management in wet direct seeded irrigated rice [J]. International Rice, 25(2): 35-37.

BELANGER G, WALSH J R, RICHARDS G E, et al. , 2001. Critical nitrogen curve and nitrogen nutrition index for potato in eastern Canada[J]. American Journal of Potato Research, 78(5): 355-364.

CALOIN M, YU O, 1984. Analysis of the time course of change in nitrogen content in dactylis glomerata L. using a model of plant growth[J]. Annals of Botany, 54(1): 69-76.

CASSMAN K G, PENG S, OLK D C, 1998. Opportunities for increased nitrogen-use efficiency from improved resource management in irrigated rice systems[J]. Field Crops Research, 56(7): 7-39.

COLNENNE C, MEYNARD J M, REAU R, et al. , 1998. Dertermination of a critical nitrogen dilution curve for winter oilseed rape[J]. Annals of Botany, 81(2): 311-317.

CORCOLES J I, ORTEGA J F, HERNANDEZ D, et al., 2013. Estimation of leaf area index in onion (Allium cepa L.) using an unmanned aerial vehicle[J]. Biosystems Engineering, 115(1): 31-42.

CHEN Q C, TIAN Y C, XIA Y, et al., 2014. Comparison of five nitrogen dressing methods to optimize rice growth[J]. Plant Production Science, 17(1): 66-80.

CILIA C, PANIGADA C, ROSSINI M, et al., 2014. Nitrogen status assessment for variable rate fertilization in maize through hyperspectral imagery[J]. Remote Sensing, 6(7): 6549-6565.

DEVIENNE B F, JUSTE E, MACHET J M, et al., 2000. Integrated control of nitrate uptake by crop growth rate and soil nitrate availability under field conditions [J]. Annals of Botany, 86: 995-1005.

JIA L L, CHENG X P, ZHANG F, et al., 2004. Use of digital camera to assess nitrogen status of winter wheat in the northern China Plain[J]. Journal of Plant Nutrition and soil science, 27(3): 441-450.

MADERIA A C, MENTIONS A, FERREIRA M E, et al., 2000. Relationship between spectroradiometric and chlorophyll measurements in green beans[J]. Communications in Soil Science and Plant Analysis, 31(6). 631-643.

MIAO Y X, MULLA D J, RANDALL G W, et al., 2009. Combining chlorophyll meter readings and high spatial resolution remote sensing images for in-season sitespecific nitrogen management of corn[J]. Precision Agriculture, 10: 45-62.

RAUN W R, SOLIE J B, JOHOSON G V, et al., 2002. Improving nitrogen use efficiency in cereal rain production with optical sensing and variable rate application [J]. Agronomy Journal, 94(4): 815-820.

THOMAS J R, GAUSMAN H W, 1977. Leaf reflectance vs. leaf chlorophyll and carotenoid concentration for eight crops[J]. Agronomy Journal, 69(5): 799-802.

TUMBO S D, WAGNER D G, HEINEMANN P H, 2002. Hyper spectral characteristics of corn plants under different chlorophyll levels[J]. Transaction of the ASABE, 45(3): 815-823.

第5章　基于卫星遥感的黑龙江省寒地水稻氮素营养诊断

水稻是世界上最重要的作物之一，超过三分之二的中国人口以水稻为主食。氮是叶绿素构成中的一个重要元素，其供给率在很大程度上影响了作物的产量和地上部生物量。农民倾向于施用大量的氮肥以获得更高的产量，在过去的50年里，中国的水稻产量增长了3.2倍，主要得益于化肥的大量施用，特别是氮肥的贡献最大（Zhang et al.，2011）。我国水稻氮肥的农学利用效率仅为11.7 kg·kg^{-1}，远远低于发达国家的20~25 kg·kg^{-1}。在作物增长的同时，由于氮肥的过量施用还增加了地表水、地下水或大气中氮流失而污染环境的风险，比如导致水体富营养化、地下水中硝酸盐含量增加和温室气体排放。精准氮管理策略是在适当的时间和空间上根据作物的需求匹配适当的氮肥，进而提高氮肥利用效率。这就需要开发实时诊断作物氮状况的技术以指导氮肥的施用，特别是生长季节的追氮管理。

植物氮浓度 PNC 和植株氮累积 PNU 已被用作作物氮状态的常用指标，为了提高作物氮状态的诊断，临界氮浓度 Nc 的概念被提出，即为实现最大地上生物量产量所需的最小植物氮浓度，临界氮浓度 Nc 随地上部生物量的增加而降低。它们之间的关系可以用一个负幂函数来描述，称为临界氮稀释曲线。因此，在任何给定的生物量值下的 Nc 都可以通过这个稀释曲线计算出来，然后可以将实际的植物氮浓度与临界氮浓度进行比较，它们的比值被称为氮营养指数 NNI。氮营养指数 NNI 比植物氮浓度 PNC 或植株氮累积 PNU 更能诊断作物氮状态。如果NNI>1，则表示氮的供应过剩，反之则相反，NNI=1 表示最佳的氮供应。氮营养指数 NNI 的计算需要破坏性取样和化学分析来确定生物量和植物氮浓度，不仅需要时间还要消耗大量的测试成本，这对于大区域的季节特定地点的氮管理是不现实的。因此，人们对利用近端和遥感技术无损估计作物氮营养指数越来越感兴趣。一些研究人员已经成功地利用叶绿素计数据估算了小麦和玉米的氮营养指数。然而，叶绿素数据是叶片水平的点测量，不适用于大区域的精准氮管理。

　　作物冠层传感器比叶片传感器对大田作物氮状况监测更有效，并且更加有前景（Cao et al.，2015；Yao et al.，2017），Mistele 等，2008 使用被动高光谱冠层传感器来估计氮营养指数，他们的研究结果表明，红边拐点可以解释95%的冬小麦氮营养指数 NNI 变异性。Chen 等（2013）利用被动高光谱冠层传感器来估算玉米的氮营养指数 NNI，研究结果表明，基于主成分分析的模型和反向传播人工神经网络方法在解释81%氮营养指数 NNI 变异性方面表现最好。然而，被动冠层传感器受到采集日的时间和云量的限制，同时这种高光谱传感器也非常昂贵，它们可能更适合用于研究，而不是在规模化农场进行直接应用。

　　与被动传感器不同，主动光学作物冠层传感器不依赖于周围的阳光，可以调制发光二极管照射植物冠层测量反射辐射，它们不受环境光照条件的影响，也不需要频繁的校准。Green Seeker 主动冠层传感器有一个红光波段和一个近红外波段，并提供了两个植被指数（归一化植被差异指数 NDVI 和植被比值指数 RVI），Green Seeker 主动光学作物冠层传感器分别解释了47%NDVI 和44%RVI 的冬小麦 NNI 变异性。ACS 470 是一个可配置的主动作物冠层传感器，有三个波段能计算出两个植被指数（绿色重新归一化的植被差异指数 GRDVI 和改良的绿色土壤调整植被指数 MGSAVI），可估算冬季小麦 NNI（$R^2 = 0.77 \sim 0.78$）。对于水稻，Green Seeker 传感器在拔节期和抽穗期分别解释了25% ~ 34%和30% ~ 31%的 NNI 变异性。使用 ACS 470 传感器，运用剔除红边土壤调整植被指数 RESAVI、改良剔除红边土壤调整植被指数 MRESAVI、红边差异植被指数 REDVI 和红边再归一化差异植被指数 RERDVI，在水稻不同生长阶段估计 NNI 方面表现同样良好的结果（$R^2 = 0.76$）。主动作物传感器可安装在施肥器上，但考虑到施肥机工作时可能会被水淹没，所以规模化农场尚未实现。

　　无人机和卫星遥感是监测规模化作物氮状况的重要技术，结合无人机高光谱遥感和叶绿素数据，利用氮充分指数（NSI）可诊断玉米氮状况。Cilia 等（2013）应用无人机高光谱传感技术间接估算玉米 NNI，利用修正型叶绿素吸收发射率指数/改良三角植被指数 2（MCARI/MTVI2）和改良三角植被指数 2 MTVI2 估算玉米植株氮浓度 PNC（$R^2 = 0.59$）和生物量（$R^2 = 0.80$），将预测的植株氮浓度 PNC 和生物量相结合生成间接氮营养指数 NNI，预测结果与直接测试氮营养指数 NNI 结果基本一致。卫星遥感时空分辨率的提高使关键作物生长阶段的作物氮状况监测成为可能。Wu 等（2015）将 QuickBird 卫星数据与叶绿素计读数和硝酸叶柄浓度进行比较，在生长季节后期，不同氮处理的卫星植被指数数据存在显著差异。Yang 等（2008）利用 FORMOSAT-2 卫星影像数据获得归一化植被指数 NDVI 与地面冠层反射传感器获得的归一化植被指数 NDVI 高度相关（$R^2 =$ 0.79）。Darvishzadeh 等（2012）使用查找表方法利用 PROSAIL 模型对 ALOS AVNIR-2 多光谱卫星数据反演，解释了 65% 水稻植株叶绿素含量变异性，均方根误差 RMSE 为 0.45 g·m^{-2}。利用卫星遥感估算水稻 NNI 的报道很少，尤其是估算黑龙江省寒地水稻的更少，利用卫星影像数据诊断水稻关键生长阶段的氮状况进而指导穗肥的施用。因此，本研究的目的是评价 Planet 卫星遥感估算水稻 NNI 的潜力，为寒地水稻氮素营养诊断提供依据。

5.1　材料与方法

5.1.1　试验地点概况

本书试验于 2023—2024 年在黑龙江省农业科学院黑河分院试验田进行，该试验田处在黑龙江省第四积温带，属于大陆性季风气候，春季低温干旱，夏季高温多雨，降雨主要集中在 6~8 月，无霜期在 125 天左右。土壤为黑土，有机质含量 4.5 g·kg^{-1}，全氮 2.38 g·kg^{-1}，全磷 2.15 g·kg^{-1}，全钾 17.9 g·kg^{-1}，速效氮 112 ppm，速效磷 25.3 ppm，速效钾 148 ppm，pH 6.59。

5.1.2　试验材料

试验材料选用黑龙江省第四积温带水稻主栽代表品种龙粳 31 进行大田小区试验，龙粳 31 生育期 130 天左右，株高 92 左右。

5.1.3　试验设计

氮肥设置 4 个水平：0、120、150、180（kg·hm^{-2}），分别用 N0、N120、N150、N180 表示。氮肥分 3 次施用，种类为尿素（46%）和磷酸二铵（P$_2$O$_5$ 46%，N18%）即基肥:返青分蘖肥:穗肥 = 4:5:1，质量比 N:P:K = 2:1:1.5；磷肥为磷酸

二铵(P_2O_5 46%，N 18%)随基肥一次施入；钾肥为硫酸钾(K_2O 50%)按基肥和穗肥各 50% 等量施入。2023—2024 年进行了 2 年田间试验，小区面积 200 m^2(25 m×8 m)，3 次重复，共 12 个小区。采用旱育稀植，大棚育秧等生产技术，2023 年 4 月 20 日育苗，5 月 25 日移栽，9 月 23 日收获；2024 年 4 月 23 日育苗，5 月 26 日移栽，9 月 20 日收获。株、行距为 30 cm×13 cm，每穴 3 苗，病虫草害防治同常规管理。

5.1.4　测定指标与方法

1. 卫星遥感影像的获取与处理

Planet 卫星又称"鸽子"卫星，它是美国 Planet Labs 公司研制并运营的高分辨率(3~5 m)微卫星对地观测系统。Planet 星座是目前世界上在轨卫星最多的对地观测系统，现共有 175 颗在轨卫星投入运营。它具有超强高分影像收集能力，拥有每天覆盖全球一次的超高频时间分辨率。它是世界上唯一具有全球高分辨率、高频次、全覆盖能力的遥感卫星对地观测系统，它的出现使全球对地观测进入"每日"时代。Planet 卫星影像拥有红、绿、蓝、近红外四个波段，具体参数见表 5-1，在农业生产上拥有非常大的应用潜力。对于黑龙江省寒地水稻，穗肥追肥的关键期是拔节期，考虑到卫星影像数据的采集和处理所需的时间，最佳诊断阶段是孕穗期(大约在茎秆伸长前 7~10 天)(Debaebe et al., 2006; Roujean et al., 1995; Gitelson et al., 2003)，对研究区域开展试验年份全部可利用的 Planet 卫星影像进行了购买，共获取到 2 景 Planet 影像(图 5-1)。

表 5-1　Planet 影像的特征参数

卫星	波段类型	空间分辨率(m)	波段名称	波段范围(nm)
Planet	多光谱	3	蓝	455~515
			绿	500~590
			红	590~670
			近红外	780~860

使用 ENVI 5.3 对图像进行了几何校正和放射 测量校准。使用以下公式中的

❖ 卫星校准参数对每个波段进行辐射校准：

$$L = DN / a + L0 \tag{5-1}$$

其中，L 代表辐射，DN 是像素值的缩写，a 是绝对校准系数，也称为增益，L0 代表偏移量。经过线性变换后，将 DN 值转换为辐射值，几何校正使用高精度的地面控制点进行校准，校正精度小于 0.5 像素（<4 m）。

图 5-1　黑河地区 Planet 影像

2. 地上部干物质重的测定

在影像过境两天后，每小区取代表性植株 5 株，按茎、叶、穗单独分装标记，将其放置烘箱内，于 105 ℃杀青 30 min，之后 80 ℃下烘干至恒重。用百分之一天平，对各器官干物质称重，并根据种植密度折算单位面积地上部干物质重。

3. 水稻植株含氮量的测定

将烘干至恒重的植株样品(茎、叶、穗单独分装)粉碎，放于自封袋内，在室温下保存直至进一步化学分析。采用凯氏定氮法测定植株含氮量。

4. GPS 定位

在每个采样点，使用手持差分 GPS 进行定位。

5. 叶面积指数测定

叶面积指数采用 Bei 等所述的干重法测定。

5.1.5　数据分析

1. 氮营养指数

氮营养指数使用临界氮浓度稀释曲线 $Nc = 2.77W^{-0.34}$ 计算获得，其中，Nc 为地上生物量中的临界氮浓度(%)，W 为地上部干重。对于大于 $1\ t \cdot hm^{-2}$ 的地上生物量 Nc 由计算，否则 Nc 为 2.77%。

2. 植被指数

根据前人研究结果共得出 50 个植被指数(表 5-2)。使用 ENVI5.3 和 ArcGIS 10 软件从 Planet 卫星影像中提取像素值，并计算相应采样点的植被指数。

表 5-2　植被指数计算公式

植被指数	计算公式	文献
植被比值指数 1（RVI1）	NIR/B	Buschmann et al., 1993
植被比值指数 2（RVI2）	NIR/G	Gitelson et al., 1996
植被比值指数 3（RVI3）	NIR/R	Buschmann et al., 1993
差分指数 1（DVI1）	NIR-B	Buschmann et al., 1993
差分指数 2（DVI2）	NIR-G	Buschmann et al., 1993
差分指数 2（DVI2）	NIR-R	Buschmann et al., 1993
归一化差异植被指数 1（NDVI1）	(NIR-R)/(NIR + R)	Gitelson et al., 1996

表 5-2(续 1)

植被指数	计算公式	文献
归一化差异植被指数 2(NDVI2)	$(NIR-G)/(NIR+G)$	Roujean et al., 1995
归一化差异植被指数 3(NDVI3)	$(NIR-B)/(NIR+B)$	Gitelson et al., 1996
重整化差异植被指数 1(RDVI1)	$(NIR-B)/SQRT(NIR+B)$	Gitelson et al., 2003
重整化差异植被指数 2(RDVI2)	$(NIR-G)/SQRT(NIR+G)$	Gitelson et al., 2003
重整化差异植被指数 3(RDVI3)	$(NIR-R)/SQRT(NIR+R)$	Gitelson et al., 2003
叶绿素指数(CI)	$NIR/G-1$	Gitelson, 2004
宽动态范围植被指数 1(WDRVI1)	$(0.12\,NIR-R)/(0.12 \cdot NIR+R)$	Huete, 1988
宽动态范围植被指数 2(WDRVI2)	$(0.12\,NIR-G)/(0.12 \cdot NIR+G)$	Huete, 1988
宽动态范围植被指数 3(WDRVI3)	$(0.12\,NIR-B)/(0.12 \cdot NIR+B)$	Huete, 1988
土壤调整植被指数(SAVI)	$1.5(NIR-R)/(NIR+R+0.5)$	Chen, 1996
绿土调整植被指数(GSAVI)	$1.5(NIR-G)/(NIR+G+0.5)$	Chen, 1996
蓝土调整植被指数(BSAVI)	$1.5(NIR-B)/(NIR+B+0.5)$	Chen, 1996
改变红边比值植被指数(MSR)	$(NIR/R-1)/SQRT(NIR/R+1)$	Rordeaux et al., 1996
最优土壤调整植被指数(OSAVI)	$(1+0.16)[(NIR-R)/(NIR+R+0.16)]$	Qi et al., 1994

表 5-2(续 2)

植被指数	计算公式	文献
绿色最优土壤调整植被指数(GOSAVI)	$(1 + 0.16)[(NIR-G)/(NIR + G + 0.16)]$	Qi et al., 1994
蓝色最优土壤调整植被指数(BOSAVI)	$(1 + 0.16)[(NIR-B)/(NIR + B + 0.16)]$	Qi et al., 1994
改良土壤调整植被指数(MSAVI)	$0.5\{2 \cdot NIR + 1 - SQRT[(2 \cdot NIR + 1)2 - 8(NIR-R)]\}$	Datt, 1999
改良绿土调整植被指数(MGSAVI1)	$0.5\{2 \cdot NIR + 1 - SQRT[(2 \cdot NIR + 1)2 - 8(NIR-G)]\}$	Datt, 1999
改良蓝色土壤调整植被指数(MBSAVI)	$0.5\{2 \cdot NIR + 1 - SQRT[(2 \cdot NIR + 1)2 - 8(NIR -B)]\}$	Datt, 1999
简单比例植被指数(SR)	$R/G \times NIR$	Wang et al., 2012
改良归一化的植被差异指数 1(mNDVI1)	$(NIR-R + 2 \cdot G)/(NIR + R - 2 \cdot G)$	Sims et al., 2002
改良的归一化植被差异指数 2(mNDVI2)	$(NIR-R + 2 \cdot B)/(NIR + R - 2 \cdot B)$	Sims et al., 2002
新修改的简单比率(mSR)	$(NIR-B)/(R-B)$	Gitelson et al., 2002
可见抗大气指数(VARI)	$(G-R)/(G + R-B)$	Peñuelas et al., 1995
结构不敏感色素指数(SIPI)	$(NIR-B)/(NIR-R)$	Daughtry et al., 2000
结构不敏感色素指数 1(SIPI1)	$(NIR-B)/(NIR-G)$	Daughtry et al., 2000
归一化不同指数(NDI)	$(NIR-R)/(NIR-G)$	Eitel et al., 2007
植物衰老反射率指数(PSRI)	$(R-B)/NIR$	Gitelson et al., 2002
植物衰老反射率指数 1(PSRI1)	$(R-G)/NIR$	Gitelson et al., 2002

表 5-2(续 3)

植被指数	计算公式	文献
修正型叶绿素吸收发射率指数 1(MCARI1)	$[(NIR-R)-0.2(R-G)]\times(NIR/R)$	Haboudane et al.，2002
修正型叶绿素吸收发射率指数 2(MCARI2)	$1.2[2.5(NIR-R)-1.3(R-G)]/SQRT$ $[(2\cdot NIR+1)2-(6\cdot NIR-5\cdot SQRT(R)-0.5]$	Haboudane et al.，2002
三角形植被指数(TVI)	$0.5[120(NIR-G)-200(R-G)]$	Huete et al.，2002
改良三角形植被指数 1(MTVI1)	$1.2[1.2(NIR-G)-2.5(R-G)]$	Haboudane et al.，2002
改良三角形植被指数 2(MTVI2)	$1.5[1.2(NIR-G)-2.5(R-G)]/SQRT$ $\{(2\cdot NIR+1)2-[6\cdot NIR-5\cdot SQRT(R)-0.5\}$	Haboudane et al.，2002
改良三角形植被指数 3(MTVI3)	$1.5[1.2(NIR-B)-2.5(R-B)]/SQRT$ $\{(2 NIR+1)2-[6 NIR-5 SQRT(R)-0.5\}$	Haboudane et al.，2002
增强植被指数(EVI)	$2.5(NIR-R)/(1+NIR+6 R-7.5 B)$	Haboudane et al.，2008
反射指数转化叶绿素吸收(TCARI)	$3[(NIR-R)-0.2(NIR-G)(NIR/R)]$	Broge et al.，2001
三角形叶绿素指数(TCI)	$1.2(NIR-G)-5(R-G)(NIR/R-0.5)$	Eitel et al.，2007
反射指数转化叶绿素吸收/最优土壤调整植被指数(TCARI/OSAVI)	TCARI/OSAVI	Broge et al.，2001
修正型叶绿素吸收发射率指数/优化三角形植被指数(MCARI/MTVI2)	MCARI/MTVI2	Sime et al.，2002
反射指数转化叶绿素吸收/改良土壤调整植被指数(TCARI/MSAVI)	TCARI/MSAVI	Broge et al.，2001
三角形叶绿素指数/最优土壤调整植被指数(TCI/OSAVI)	TCI/OSAVI	Eitel et al.，2007

试验数据采用 Microsoft Excel 2016 进行处理和分析；使用 matlab2013a 对植被指数与农学参数进行相关性分析；采用 GraphPad Prism 7.0 绘图软件进行绘图；用 RMSE 和 RE 来评价模型的性能。

3. 氮营养指数(NNI)估计

水稻 NNI 可以直接和间接地估计。直接的方法是利用所选的植被指数，根据所建立的关系直接估计 NNI。间接方法是利用所选的植被指数来估算水稻生物量和植株氮累积。根据该地区水稻的临界氮稀释曲线可以得到各生物量值的临界氮浓度 Nc。估计的生物量和临界氮浓度 Nc 可以一起用于计算临界氮累积 PNU(生物质×Nc)，然后，可以使用植株氮浓度 PNU 和临界氮累积 PNU 来估计 NNI，因为：

$$PNU/临界 PNU = (生物量×Na)/(生物量×Nc)$$

它可以进一步简化为 $Na×Nc$。考虑到实际应用，根据 NNI 值将水稻氮状态分为三类：缺氮状态(NNI<0.95)、最优氮状态(NNI=0.95~1.04)和剩余氮状态(NNI>1.04)。使用 ArcGIS 10 对每个小地块的像素级 NNI 值取平均值，以创建地块级 NNI 分级图。

5.2　结果与分析

5.2.1　植被指数分析

表 5-3 列出了运用 Planet 卫星影像数据预测水稻地上部生物量决定系数 R^2 排在前 10 的植被指数。地上生物量 AGB 排在前 10 的植被指数在 2023 年和 2024 年决定系数 R^2 表现相似，2023 年决定系数 R^2 为 0.59~0.69，2024 年决定系数 R^2 在 0.62~0.67，2023 年和 2024 年两年合在一起的决定系数 R^2 为 0.84~0.92。宽动态范围植被指数 1WDRVI1 与水稻地上部生物量决定系数 R^2 最高：2023 年的决定系数 R^2 为 0.69；2024 年的决定系数 R^2 为 0.65；2023 年和 2024 年两年合在一起的决定系数 R^2 为 0.92。

表5-3　**Planet 卫星影像数据与水稻地上部生物量前10个决定系数统计表**

植被指数 VI	2023 年	2024 年	2023 年+2024 年
MCARI	0.69**	0.65**	0.92**
DVI3	0.65**	0.63**	0.90**
TVI	0.65**	0.64**	0.90**
RVI3	0.64**	0.67**	0.90**
MTVI1	0.63**	0.64**	0.89**
MCARI1	0.63**	0.62**	0.91**
TCARI	0.63**	0.64**	0.89**
MSR	0.63**	0.64**	0.87**
WDRVI1	0.62**	0.64**	0.89**
SAVI	0.59**	0.62**	0.84**

注：** 表示相关性在 0.01 水平上显著。

表5-4 列出了运用 Planet 卫星影像数据预测水稻叶面积指数 LAI 决定系数 R^2 排在前 10 的植被指数。叶面积指数 LAI 排在前 10 的植被指数的决定系数 R^2 2023 年略好于 2024 年，2023 年决定系数 R^2 为 0.62~0.67，2024 年决定系数 R^2 为 0.58~0.63，2023 年和 2024 年两年合在一起的决定系数 R^2 为 0.85~0.91。宽动态范围植被指数 1WDRVI1 与水稻叶面积指数 LAI 决定系数 R^2 最高：2023 年的决定系数 R^2 为 0.67；2024 年的决定系数 R^2 为 0.63；2023 年和 2024 年两年合在一起决定系数 R^2 为 0.91。

表5-4　**Planet 卫星影像数据与水稻叶面积指数 LAI 前10个决定系数统计表**

植被指数 VI	2023 年	2024 年	2023 年+2024 年
DVI2	0.67**	0.59**	0.90**
MCARI	0.67**	0.63**	0.91**
DVI3	0.66**	0.62**	0.91**
WDRVI1	0.66**	0.60**	0.91**
MSR	0.65**	0.60**	0.90**
RVI3	0.65**	0.60**	0.90**

表 5-4(续)

植被指数 VI	2023 年	2024 年	2023 年+2024 年
RDVI2	0.64**	0.57**	0.90**
RDVI3	0.63**	0.60**	0.89**
SAVI	0.63**	0.61**	0.88**
NDVI1	0.62**	0.58**	0.85**

注:**表示相关性在 0.01 水平上显著。

表 5-5 列出了运用 Planet 卫星影像数据预测水稻植株氮累积 PNU 决定系数 R^2 排在前 10 的植被指数。植株氮累积 PNU 排在前 10 的植被指数在 2023 年和 2024 年决定系数 R^2 表现相似，2023 年决定系数 R^2 为 0.62~0.68，2024 年决定系数 R^2 为 0.61~0.63，2023 年和 2024 年两年合在一起的决定系数 R^2 为 0.84~0.91，与地上生物量 AGB 相似。比值植被指数 3RVI3 与水稻植株氮累积 PNU 决定系数 R^2 最高:2023 年的决定系数 R2 为 0.68;2024 年的决定系数 R^2 为 0.63;2023 年和 2024 年两年合在一起决定系数 R^2 为 0.91。

表 5-5　Planet 卫星影像数据与水稻植株氮累积 PNU 前 10 个决定系数统计表

植被指数 VI	2023 年	2024 年	2023 年+2024 年
RVI3	0.68**	0.63**	0.91**
TVI	0.67**	0.62**	0.89**
WDRVI1	0.65**	0.62**	0.87**
RDVI3	0.65**	0.62**	0.87**
MCARI1	0.65**	0.62**	0.87**
MTVI1	0.65**	0.62**	0.86**
MSR	0.65**	0.61**	0.87**
TCARI	0.65**	0.63**	0.86**
SAVI	0.64**	0.62**	0.85**
OSAVI	0.62**	0.63**	0.84**

注:**表示相关性在 0.01 水平上显著。

表 5-6 列出了运用 Planet 卫星影像数据预测氮营养指数 NNI 决定系数 R^2 排

在前 10 的植被指数。氮营养指数 NNI 排在前 10 的植被指数在 2023 年和 2024 年决定系数 R^2 表现相似，2023 年决定系数 R^2 为 0.21~0.32，2024 年决定系数 R^2 为 0.32~0.37，2023 年和 2024 年两年合在一起的决定系数 R^2 为 0.39~0.48。比值植被指数 3RVI3 与水稻氮营养指数 NNI 决定系数 R^2 最高：2023 年的决定系数 R^{22} 为 0.32；2024 年的决定系数 R^2 为 0.37；2023 年和 2024 年两年合在一起决定系数 R^2 为 0.48。整体上看，用 Planet 卫星影像数据预测氮营养指数 NNI 决定系数 R^2 相较其他氮素指标较低。

表 5-6　Planet 卫星影像数据与氮营养指数 NNI 前 10 个决定系数统计表

植被指数 VI	2023 年	2024 年	2023 年+2024 年
RVI3	0.32**	0.37**	0.48**
RDVI1	0.28**	0.32**	0.41**
WDRVI2	0.28**	0.34**	0.43**
DVI3	0.28**	0.35**	0.46**
RDVI2	0.27**	0.34**	0.42**
DVI2	0.27**	0.33**	0.43**
RVI2	0.26**	0.32**	0.43**
WDRVI1	0.26**	0.35**	0.44**
RDVI3	0.25**	0.32**	0.39**
TVI	0.21**	0.35**	0.46**

注：** 表示相关性在 0.01 水平上显著。

5.2.2　基于卫星遥感影像的氮素状态诊断

根据以上结果可知，比值植被指数 RV3 预测氮营养指数 NNI 决定系数 R^2 较低，宽动态范围植被指数 WDRVI1 预测水稻地上部生物量决定系数较高，比值植被指数 RV3 预测水稻植株氮累积 PNU 决定系数较高，因此本研究采用了间接氮营养指数 NNI 估计方法，即运用宽动态范围植被指数 WDRVI1 估算水稻地上部生物量，运用比值植被指数 RV3 估算水稻植株氮累积，经过计算得到间接氮营养指数 NNI'。汇总两年数据，使用 Planet 卫星影像数据估计水稻氮营养指数

NNI'的决定系数 R^2 为 0.54，RMSE 为 0.15 和 RE 为 9.68%。

5.3　讨论与结论

5.3.1　讨论

利用卫星遥感影像数据估算水稻植株氮营养指数 NNI 诊断水稻氮状况，指导大面积的生长季氮肥管理是一个研究热点。Cao 等（2013）的研究结果发现使用 ACS 470 获得的植被指数在水稻穗分化与氮营养指数 NNI 决定系数 R^2 为 0.62，在水稻拔节期与氮营养指数 NNI 决定系数 R^2 为 0.69。我们的研究仅使用了穗分化期的数据，会受到水田背景的影响。一般来说，现阶段利用卫星图像直接估算水稻氮营养指数 NNI 的结果不太令人满意，在水稻植株封垄后这种方法可能效果更好，但是指导穗肥施用可能太晚了。利用遥感影像来估计关键参数进而间接估计氮营养指数 NNI 也被用来诊断作物氮状况。Cilia 等（2014）利用无人机高光谱遥感技术估算玉米氮浓度和生物量，然后再间接估算氮营养指数 NNI。Cao 等利用修正型叶绿素吸收反射率植被指数 MCARI 估算水稻地上部生物量 AGB 的决定系数 R^2 为 0.79，估算水稻植物氮累积 PNU 的决定系数 R^2 为 0.83，本研究结果与 Cao 等的研究结果一致。

在得到间接氮营养指数 NNI 后，需要定义氮素状态诊断的阈值。一般来说，NNI<1 时表示氮不足；NNI＝1 时表示氮适宜；NNI>1 时表示氮过量，在具体的施肥指导中可能需要进一步细化以供实际应用，比如氮营养指数 NNI 为 0.99 和 1.01 时，与 1 非常接近，可以认为都是氮最优状态。但如果严格按照 1 来划分。它们将被划分为但缺乏和氮过剩的状态。Cilia 等研究将氮营养指数 NNI 分为五类，分别是 NNI≤0.7，0.7 < NNI≤0.9，0.9 < NNI≤1.1，1.1 < NNI≤1.3，NNI > 1.3，最终确定 NNI≤0.9 为氮缺乏，0.9 < NNI≤1.1 为氮适宜，NNI > 1.1 为 N 过量。根据研究区域的水稻氮素管理情况，本研究提出了以下水稻氮营养指数 NNI 阈值：NNI≤0.95 为氮缺乏，0.95 < NNI≤1.04 为氮适宜，NNI > 1.04 为氮过量，NNI 阈值可以用来区分水稻种植区域三个不同氮营养状况的区域。然而，NNI 阈值的划分还需要更多的研究数据来进一步检验和细化。

❖ 5.3.2 结论

本研究评估利用 Planet 卫星影像数据估算水稻氮营养指数 NNI 进而指导寒地水稻穗肥的施用。研究结果表明，本研究采用了间接氮营养指数 NNI 估计方法，即运用宽动态范围植被指数 WDRVI1 估算水稻地上部生物量，运用比值植被指数 RV3 估算水稻植株氮累积，经过计算得到间接氮营养指数 NNI'。汇总两年数据，使用 Planet 卫星影像数据估计水稻氮营养指数 NNI' 的决定系数 R^2 为 0.54，RMSE 为 0.15 和 RE 为 9.68%。

参 考 文 献

BEI J H, WANG K R, CHU Z D, et al., 2005. Comparitive study on the measurement methods of the leaf area[J]. Shihezi Uni., 23: 216-218.

BROGE N H, LEBLANC E, 2001. Comparing prediction power and stability of broadband and hyperspectral vegetation indices for estimation of green leaf area index and canopy chlorophyll density [J]. Remote Sensing of Environment, 76 (2): 156-172.

BUSCHMANN C, NAGEL E, 1993. In vivo spectroscopy and internal optics of leaves as basis for remote sensing of vegetation[J]. International Journal of Remote Sensing, 14(4): 711-722.

CAO Q, CUI Z, CHEN X, et al., 2012. Quantifying spatial variability of indigeneous nitrogen supply for precision nitrogen management in small sacle farming [J]. Precision Agriculture, 13: 45-61.

CAO Q, MIAO Y, FENG G, et al., 2015. Active canopy sensing of winter wheat nitrogen status: An evaluation of two sensor systems. [J]. Computers and Electronics in Agriculture, 112: 54-67.

CAO Q, MIAO Y, WANG H, et al., 2013. Non-destructive estimation of rice plant nitrogen status with crop circle multispectral active canopy sensor[J]. Field Crops Research, 154: 133-144.

CHEN J M, 1996. Evaluation of vegetation indices and a modified simple ratio for boreal applications[J]. Canadian Journal of Remote Sensing, 22(3): 229-242.

CHEN P, WANG J, HUANG W, et al. , 2013. Critical nitrogen curve and remote detection of nitrogen nutrition index for corn in the northwestern plain of shandong Province, China[J]. IEEE Journal of Selected Topics in Applied Earth Observations & Remote Sensing, 6(2): 682-689.

CILIA C, PANIGADA C, ROSSINI M, et al. , 2014. Nitrogen status assessment for variable rate fertilization in maize through hyperspectral imagery [J] . Remote Sensing, 6(7): 6549-6565.

COMPTON J T, 1979. Red and photographic infrared linear combinations for monitoring vegetation[J] Remote Sensing Environment, 8(2): 127-150.

DARVISHZADEH R, MATKAN A A, AHANGAR A D, 2012. Inversion of a radiative transfer model for estimation of rice canopy chlorophyll content using a lookup-table approach [J] . IEEE Journal of Selected Topics in Applied Earth Observations and Remote Sensing, 5(4), 1222-1230.

DATT B, 1999. Visible/near infrared reflectance and chlorophyll content in Eucalyptus leaves[J]. International Journal of Remote Sensing, 20(14): 2741-2759.

DAUGHTRY C S T, WALTHALL C L, KIM M S, et al. , 2000. Estimating corn leaf chlorophyll concentration from leaf and canopy reflectance[J] . Remote Sensing of Environment, 74(2): 229-239.

DEBAEKE P, ROUET P, JUSTES E, 2006. Relationship between the normalized SPAD index and the nitrogen nutrition Index: application to durum wheat [J]. Journal of Plant Nutrition, 29(1): 75-92.

DOBERMAN A, WITT C, DAWE D, et al. , 2002. Site-specific nutrient management for intensive rice cropping systems in Asia[J] . Field Crops Research, 74 (1), 37-66.

EITEL J U H, LONG D S, GESSLER P E, et al. , 2007. Using in-situ measurements to evaluate the new RapidEye[TM] satellite series for prediction of wheat nitrogen status [J]. International Journal of Remote Sensing, 28(17-18): 4183-4190.

GITELSON A A, 2004. Wide dynamic range vegetation index for remote quantification of biophysical characteristics of vegetation [J] . Journal of Plant Physiology,

161(2): 165-173.

GITELSON A A, GRITZ Y. MERZLYAK M N, 2003. Relationships between leaf chlorophyll content and spectral reflectance and algorithms for non-destructive chlorophyll assessment in higher plant leaves[J]. Journal of Plant Physiology, 160: 271-282.

GITELSON A A, KAUFMAN Y J, MERZLYAK M N, 1996. Use of a green channel in remote sensingoglobal vegetation from EOS – MODIS [J]. Remote Sensing of Environment, 58: 289-298.

GITELSON A A, KAUFMAN Y J, STARK R, et al., 2002. Novel algorithms for remote estimation of vegetation fraction[J]. Remote Sensing of Environment, 80: 76-87.

GNYP M L, MIAO Y, YUAN F, et al., 2014. Hyperspectral canopy sensing of paddy rice aboveground biomass at different growth stages[J]. Field Crops Research, 155: 42-55.

GREENWOOD D J, GASTAL F, LEMAIRE G, et al., 1991. Growth rate and % N of field grown crops: Theory and experiments [J]. Annals of Botany, 67 (2): 181-190.

GREENWOOD D J, NEETESON J J, DRAYCOTT A, 1986. Quantitative relationships for the dependence of growth rate of arable crops on their nitrogen content, dry weight and aerial environment[J]. Plant and Soil, 91(3): 281-301.

HABOUDANE D, MILLER J R, PATTEY E, et al., 2004. Hyperspectral vegetation indices and novel algorithms for predicting green LAI of crop canopies: Modeling and validation in the context of precision agriculture [J]. Remote Sensing of Environment, 90: 337-352.

HABOUDANE D, MILLER J R, TREMBLAY N, et al., 2002. Integrated narrowband vegetation indices for prediction of crop chlorophyll content for application to precision agriculture [J]. Remote Sensing of Environment, 81: 416-426.

HABOUDANE D, TREMBLAY N, MILLER J R, et al., 2008. Remote estimation of crop chlorophyll content Using spectral indices derived from hyperspectral data

[J]. IEEE Transactions on Geoscience & Remote Sensing, 46(2): 423-437.

HOLLAND K H, LAMB D W, SCHEPERS J S, 2012. Radiometry of proximal active optical sensors (AOS) for agricultural sensing[J]. IEEE Journal of Selected Topics in Applied Earth Observations & Remote Sensing, 5(6): 1793-1802.

HOULÈS V, GUERIF M, MARY B, 2007. Elaboration of a nitrogen nutrition indicator for winter wheat based on leaf area index and chlorophyll content for making nitrogen recommendations[J]. European Journal of Agronomy, 27(1): 1-11.

HUETE A, DIDAN K, MIURA T, et al., 2002. Overview of the radiometric and biophysical performance of the MODIS vegetation indices[J]. Remote Sensing of Environment, 83(1-2): 195-213.

HUETE A R, 1988. A soil-adjusted vegetation index (SAVI)[J]. Remote Sensing of Environment 25: 295-309.

JEUFFROY M H, GASTAL F, LEMAIRE G, 2008. Diagnosis tool for plant and crop N status in vegetative stage.[J]. European Journal of Agronomy, 28(4): 614-624.

JIN J, 2012. Changes in the efficiency of fertiliser use in China[J]. Journal of the Science of Food & Agriculture, 92(5): 1006-1009.

JU X T, XING G X, CHEN X P, et al., 2009. Reducing environmental risk by improving N management in intensive Chinese agricultural systems[J]. Proceedings of the National Academy of Sciences of the United States of America, 106(9): 3041-3046.

LI F, MIAO Y, FENG G, et al., 2014. Improving estimation of summer maize nitrogen status with red edge-based spectral vegetation indices[J]. Field Crops Research, 157: 111-123.

MIAO Y X, MULLA D J, RANDALL G W, et al., 2009. Combining chlorophyll meter readings and high spatial resolution remote sensing images for in-season site-specific nitrogen management of corn[J]. Precision Agriculture, 10: 45-62.

MISTELE B, SCHMIDHALTER U, 2008. Estimating the nitrogen nutrition index using spectral canopy reflectance measurements[J]. European Journal of Agronomy, 29(4): 184-190.

MULLA D J, 2013. Twenty five years of remote sensing in precision agriculture: Key

advances and remaining knowledge gaps[J]. Biosystems Engineering, 114(4):
358-371.

NIEL T G V, MCVICAR T R, 2004. Current and potential uses of optical remote
sensing in rice - based irrigation systems: a review [J]. Australian Journal of
Agricultural Research, 55(2): 155-185.

NOURA Z, MARIANNE B, BÉLANGER GILLES, et al., 2008. Chlorophyll
measurements and nitrogen nutrition index for the evaluation of corn nitrogen status
[J]. Agronomy Journal, 100(5): 1264-1273.

PEÑUELAS J, BARET F, FILELLA I, 1995. Semi-empirical indices to assess
carotenoids/chlorophyll a ratio from leaf spectral reflectance[J]. Photosynthetica. 32:
221-230.

PROS L, JEUFFROY M H, 2007. Replacing the nitrogen nutrition index by the
chlorophyll meter to assess wheat N status [J]. Agronomy for Sustainable
Development, 27(4): 321-330.

QI J, CHEHBOUNI A, HUETE A R, et al., 1994. A modified soil adjusted
vegetation index[J]. Remote Sensing of Environment 48(2): 119-126.

RORDEAUX G, STEVEN M, BARET F, 1996. Optimization of soil-adjusted
vegetation indices[J]. Remote Sensing of Environmen, 55(2): 95-107.

ROUJEAN J L, BREON F M, 1995. Estimating PAR absorbed by vegetation from
bidirectional reflectance measurements[J]. Remote Sensing of Environment, 51(3):
375-384.

SIMS D A, GAMON J A, 2002. Relationships between leaf pigment content and
spectral reflectance across a wide range of species, leaf structures and developmental
stages[J]. Remote Sensing of Environment, 81(2-3): 337-354.

WANG W, YAO X, YAO X F, et al., 2012. Estimating leaf nitrogen concentration
with three - band vegetation indices in rice and wheat[J]. Field Crops Research,
129: 90-98.

WU J, WANG D, ROSEN C J, et al., 2015. Comparison of petiole nitrate
concentrations, SPAD chlorophyll readings, and QuickBird satellite imagery in
detecting nitrogen status of potato canopies[J]. Field Crops Research, 101(1): 96-

103.

YANG C M, LIU C C, WANG Y W, 2008. Using FORMOSAT-2 satellite data to estimate leaf area index of rice crop[J]. Journal of Photogrammetry and Remote Sensing, 13(4): 253-260.

YAO Y, MIAO Y, CAO Q, et al., 2017. In-Season estimation of rice nitrogen status with an active crop canopy sensor[J]. IEEE Journal of Selected Topics in Applied Earth Observations and Remote Sensing, 7(11): 4403-4413.

YU K, LI F, GNYP M L, et al., 2013. Remotely detecting canopy nitrogen concentration and uptake of paddy rice in the Northeast China Plain[J]. ISPRS Journal of Photogrammetry and Remote Sensing, 78(1): 102-115.

ZHANG F, CUI Z, FAN M, et al., 2011. Integrated soil-crop system management: Reducing environmental risk while increasing crop productivity and improving nutrient use efficiency in China[J]. Journal of Environmental Quality, 40(4): 1051-1057.

ZHANG F, WANG J, ZHANG W, et al., 2008. Nutrient use efficiencies of major cereal crops in China and measures for improvement[J]. Acta Pedologica Sinica, 5: 915-924.

ZIADI N, BÉLANGER G, CLAESSENS A, et al., 2010. Plant-based diagnostic tools for evaluating wheat nitrogen status[J]. Crop Science, 50(6): 2580-2590.

第6章 寒地水稻精准氮素管理的对策建议

氮是一种必需营养素，对作物的生长、产量和整体品质有重大影响。氮肥施用不当会对作物生产力产生负面影响，并导致不利的环境后果。监测水稻早期营养阶段的氮状态有助于指导施肥策略，监测后期成熟阶段的氮水平可以估产甚至反演稻米品质。因此，在所有生长阶段持续细致地监测水稻的氮含量具有重大的经济意义且能获得良好的效益。而寒地水稻精准氮素管理是"数字农业"的研究重点。"数字农业"一词最初在1997年由美国科学院、工程院两院士正式提出，是现代农业技术与计算机技术和网络通信技术、空间信息技术相结合而形成的新型农业技术。

纵观全球，许多国家采取了系统的方法来发展农业数字化。美国建立了完善的农业产业基础和数字化技术体系，以高度专业化、规模化和企业化的农业生产为基础，以大宗农产品为出口产品；英国推出农业技术战略，使用大数据和信息技术推动农业向数字化、智能化和精准化发展，提高农业生产效率，以大型企业主导数字农业技术研发；德国积极发展高水平数字化农业，建立完善的计算机支撑和辅助决策系统，为数字化农业提供基于农业生产高度机械化的综合解决方案；日本通过记录消费者消费情况及时调整种植计划，使用GPS技术实现了无人驾驶拖拉机24 h不间断的耕种，通过收集气象和作物数据，实现水肥合理灌溉，解决耕地面积不足、农业就业人口老龄化、不满足市场需求等问题，通过"绿色数字革命"进一步提高农业效率；荷兰政府让农民获取卫星数据，包括土壤、温度、含水量、质量和作物生长状况，以提高农业发展的可持续性和效率；法国通过国家出资建立农业大数据库，农业数据服务持续增强；以色列利用大数据在农业领域又有了新飞跃；澳大利亚建立了全球质量可追溯系统等；阿尔巴尼亚、土耳其等国缔结国际协议，在提供援助的框架内与农业组织共同参与国家数字农业战略的制定。

黑龙江省作为我国的农业大省，目前正处于由传统农业向现代农业转型的关键时期，面临着"谁来种地、怎样种好地"的重大问题，面临着质量效益不高、市场竞争力不强等多重挑战，亟须探寻一条农业要素优化配置、供需有效对接和高效、精准、可持续发展的现代农业道路。在此背景下，本书提出了我省寒地水稻精准氮素管理的对策与建议。

6.1　黑龙江省寒地水稻精准氮素管理发展优势分析

6.1.1　农业资源丰富，区位优势明显

黑龙江省水稻种植面积接近 6 000 万亩，是我国重要的商品粮基地，也是优质粳稻主产区，粮食产量十八连丰，地处世界三大黑土地带之一，土地集中连片、地势平坦，机械化耕种水平高，拥有我国最大的国有农场群、哈尔滨"中国云谷"数据存储中心，农业数字化发展总体上具有基础优势、资源优势、平台优势和场景优势。

6.1.2　基础设施建设逐步完善

黑龙江省通信网络装备水平及技术已经与世界通信等高新技术接轨。主要表现在多条国家一级干线光缆途经黑龙江省，并且二级干线长途光缆传输网长度由 2016 年的 50 222 km 增加到 2020 年的 51 829 km，覆盖了黑龙江省内多个市县辖区，基本建成"全光网省"。截至 2020 年底，累计建设数据中心标准机架 4.29 万架，建设 5G 基站 1.89 万个，"村村通"电话工程的村通率和互联网业务开通率均达到 90% 以上，并通过有线电视、广播、卫星等方式实现了行政村 100% 全覆盖。

6.1.3　人才资源丰富

黑龙江省人力资源丰富，拥有数量众多的知名高校和走在国家前列的农业科研院所，如哈尔滨工业大学、东北农业大学、八一农垦大学、黑龙江省农业科学院、黑龙江省农垦科学院等，聚集了大批具备承担数字经济关键核心技术的研发人才队伍，围绕农业大数据获取、多尺度遥感和农情监测、农业智能决策与智慧大脑、智能无人装备与数字无人农场、粮食产购储加销技术与装备、

数字养殖关键技术与装备等方面开展技术攻关，为黑龙江省寒地水稻精准氮素管理提供有力保障。

6.2　黑龙江省寒地水稻精准氮素管理限制因素分析

6.2.1　数字化转型程度较低

根据中国信息通信研究院 2020 年数据显示，中国服务业数字经济的渗透率为 40.7%，中国服务业数字经济占行业增加值比例不断提高，工业数字经济的渗透率为 21.0%，农业数字经济的渗透率最低为 8.9%，低于行业平均水平。根据农业农村部数据显示，2019 年全国农业生产数字化水平为 23.8%，中部地区为 25.5%，高于全国水平，高于全国平均水平的省份有 9 个，黑龙江未上榜，而邻省吉林排第二位。从行业看设施栽培信息化水平最高（41.0%），畜禽养殖排第二（32.8%）、种植业和水产养殖的信息化水平相对降低（分别为 17.4% 和 16.4%），而黑龙江省种植业以玉米水稻大豆三大作物为主，种植面积达 1.8 亿亩。从总体上看，在现阶段大环境影响下，同东部地区发达的省份相比，黑龙江省的农业数字化技术应用水平仍旧落后。

6.2.2　农业农村信息化建设投入力度不够

2020 年农业农村部相关数据显示，全国范围内县域用于农业农村信息化建设的财政投入为 182 亿元，县均投入 781.8 万元，乡村人均投入 25.6 元，黑龙江省被划为中部地区，中部地区县均投入 575.6 万元，乡村人均投入 16.6 元，均低于国家平均水平，财政经费保障严重不足；全国县域农业农村信息化社会资本投入近 480 亿，县均投入 2 054.6 万元，乡村人均投入 67.2 元，黑龙江省被划为中部地区，中部地区县均投入 1 150.2 万元，乡村人均投入 33.1 元，均低于国家平均水平，社会资本投入仍欠缺。

6.2.3　关键核心技术研发相对滞后

1. 数据间采集互操作性欠佳，降低参与者共享农业数据的意愿

数据被认为是智能系统成功的基石。农业数据通常来自多个异构来源，比

如数千个单独的农田、动物工厂和企业应用的程序，这些数据具有多种多样的格式，使数据集成变得尤为复杂。因此，在大范围进行收集、存储、处理和知识挖掘时，数据的互操作性对于提高大规模分散数据的价值至关重要。同时缺乏分散数据的管理系统也是阻碍农业数字化实践的障碍，它显著降低了多个参与者共享农业数据的意愿。

2. 田间部署的智能农业设备极具挑战性

物联网设备、无线传感器网络、传感器节点、机械和设备组成的所有硬件如果直接暴露在恶劣的环境(比如在强降雨、极端高温或低温、高湿度、强风速和许多其他可能破坏电子电路或破坏其正常功能的危险环境)条件下，这些智能农业设备将受到极大的挑战。目前，黑龙江省农业物联网主要应用于大田种植和智能温室，多使用江苏无锡研发生产的传感器设备监测生产环境，很难在高寒地区过冬。同时，为了实时监测作物生长，部署在农场的无线设备需要持续地运行，需要使用低功耗传感器或者采用无线电力传输和自支撑无线系统，电设备的电能转化效率低，需要提高电能的转换效率。物联网设备在收集和传输数据的过程中，需要使用多个软件包做出决策，而不可靠的传感、处理和传输会导致监测数据报告错误、长时间延迟甚至数据丢失，最终影响农业系统的性能，因此设备以及相应的软件应用程序的可靠性至关重要。

3. 模型适应性差，无线网络传输能力有待提高

农业环境复杂、动态且瞬息万变，目前开发的模型适应性差，推广应用不具可复制性，兼容性差，因此要开发兼容性更强、适应范围更广的模型和应用程序至关重要，达到可以在农业系统中的任何机器上运行。无线网络和通信技术在低成本、广域覆盖、足够的网络灵活性和高可扩展性方面提供了多种优势，但是动态的农业环境，如温度变化、生物的移动和障碍物的存在，对可靠的无线通信提出了严峻的挑战，多路径传播效应造成信号强度出现波动，导致连接不稳定和数据传输不足问题。这些都影响农业数字化系统的正常运转。因此，需要具有适当位置的传感器节点和天线高度、稳健的网络拓扑和通信协议，容错的无线架构。同时智能农业系统的分布式特性为网络攻击带来了潜在的漏洞，例如窃听、数据完整性、拒绝服务攻击或其他类型的中断，这些中断可能会危

及系统的隐私、完整性和可用性，因此，网络安全也是需要在智能农业背景下解决的主要挑战之一。

6.2.4　农业信息数据资源标准不统一、共享机制不完善

黑龙江省农业大数据资源丰富，为了充分利用数字技术进行智能农业应用，设备的标准化至关重要，在数据传输过程中，由于缺乏统一的标准，常出现误解和更改，在数据输出时可能会产生差异；为了产生有意义的结果，数据质量以及数据安全性、存储性和开放性至关重要。全省建立了多个平台系统，比如农业农村厅建立的"黑龙江省农业大数据综合服务平台"、垦区建立的"七星农业大数据平台"及"科研管理平台"、北大荒与省测绘局建立的"数字龙江航空植保平台"等，它们缺乏统一的标准，互相不能兼容；囿于数据壁垒现象，政府机构、科研院所、企业间缺少部门协作和合力工作机制，农业大数据呈现分散状态，无法实现共享，信息"孤岛"现象严重，缺少公共平台和共享渠道；法律法规制度落后，农业数据安全保障措施不健全；具有一定资金实力的涉农企业、合作社尽管购置了数字农业相关设备，但由于缺乏技术支持，搭建的平台用于参观、展示的多，真正持续运行，提高生产效率的少；由于信息采集、存储等方面缺乏统一标准，农业信息数据资源共享机制不完善，法律法规制度落后，公共服务信息化进程缓慢。

6.2.5　缺乏大数据处理的复合型人才资源、数据运营技能缺乏

农业产前、产中、产后涉及面广，宏观环境和微观环境复杂，农业大数据类型多样，物联网多元异构新数据不断出现，致使数据分析与应用面临巨大挑战，缺乏集计算机、数理统计、算法、农学于一身的复合型人才，并且现有人才政策很难留住高端人才，致使本土数据运营技能缺乏。

6.2.6　农业生产经营者知识储备不足、使数字技术的应用受到制约

现阶段，黑龙江省大多数农民不知道数字技术的重要性，哪种技术适合他们，以及如何实施和使用它们。由于农民受教育的程度大多偏低，所以接受新事物、新技术的能力相对较低，仅停留在物联网应用、农村网络购物等片面环

节，制约了数字技术的广泛应用。即便有敢第一个"吃螃蟹"的人，在实施先进技术时，也非常担心投资回报率的问题。

6.3　黑龙江省寒地水稻精准氮素管理的对策建议

6.3.1　加强顶层设计与布局规划

数字农业是一项长期的综合性系统工程，政府的合理规划与引导是至关重要的。本书建议如下：一是我省亟须制定详细的数字农业发展规划，实施全省数字农业发展"一盘棋"战略，摒弃过去"一窝蜂"式的数字农业发展建设模式；二是在顶层设计层面，围绕数据从哪里来、如何管理和如何使用，重点建设数字分析决策辅助服务体系，整合分散于多层级、多环节和多主体的涉农数据信息资源，构建全省农业农村数据资源"一张图"，重点建设数据标准规范、数据采集通道、网络安全体系和资源数据库等基础设施。

6.3.2　加大科研投入，提升创新水平

数字农业未来要获得长足发展，加大相关科研投入是必然之举。本书建议如下：一是在我省重大研发、重大专项上，拨付专项资金，对数字农业理论和技术研究加大投入力度；二是发展数字种业和数字种植，构建全国统一的农业种质资源数据库，加快种业创新攻关、种质资源保护、市场监管等种业数字化转型；三是推进数字农机建设，推进信息技术与农机农艺融合，重点支持大型智能装备、中小型智能农机和低成本便携式手持小型农机设备的研发和推广，使得数字农业在龙江黑土上真正落地生根，发展壮大，从根本上降低农业劳动成本，提高生产效率，促进农民增收、农业增效；四是坚持大数据赋能，推进资源要素数字化，构建大数据分析预警模型，建设大数据通用支撑系统，完善综合业务系统和单品种全产业链大数据分析应用系统，形成一体化的省级农业农村大数据平台，充分发挥政府与市场间的协调作用，提升数据资源利用水平。

6.3.3　坚持平台化创新，优化数字农业技术创新体系

本书建议如下：一是围绕农业人工智能研发与应用，在战略性技术布局、

关键性技术攻关、关键技术的集成与示范应用等方面，全面实施农业农村数字化科技创新工程，加快构建覆盖农业全产业链的综合数字农业体系，涉及连接农业产业链的上中下游，将数字技术和服务贯穿于农业和农村工作全过程，全省要因地制宜，推动农业农村高质量发展；二是在数据采集、挖掘与智能诊断方面寻求突破，加强大数据智能处理与分析能力，开发普适性和兼容性强的农业模型，加快研发具有自主知识产权的传感器，加大农业遥感卫星研发力度，在无人机应用技术以及农业精准感知等关键技术方面创新发展；三是针对目前我省各类杂而不精、互不相通，无法运维的数字农业局面，打造以企业为发展主体，科研单位提供配套技术支撑，新型经营主体为应用实施主体的数字农业发展格局，建立平台化协同攻关机制，提升对底层科技、核心技术装备以及基础数据的掌控能力。

6.3.4　注重示范引领，适度推广应用

进一步加大数字农业技术的应用示范和推广利用，本书建议如下：一是选择典型的、有一定影响力的新型经营主体，将全套的数字农业设备进行应用示范，如进行全流程的数字农场、数字果园等的情景案例应用示范；二是借助各地现代农业示范园区，积极普及数字农业知识，激发农业生产经营者学习数字农业技术、使用设备的主动性。

6.3.5　坚持产业链融合发展，推进农村经济数字化

本书建议如下：一是加快以数字化盘活农村生产性资源和资产，构建农村产权数字化交易平台，推动城乡经济要素的流动互通；二是建设数字化绿色供应链，将农产品与互联网有机融合，进行"互联网+"农产品展示，利用大数据和人工智能助力农村农产品实体店发展，使农村农产品线上线下渠道融合发展；三是大力推进一二三产业融合发展，使数字化新兴产业在农村发展壮大，加快培育数字化农业农村龙头企业，培育数字化乡村新业态；四是加大力度引导城郊融合类村庄发展数字经济、共享经济，发挥数字化技术引领、市场创造、效率提高等功能，推进乡村产业链、商业模式的数字化转型升级，建设农村现代化经济体系。

6.3.6　坚持普惠制服务，推进乡村建设数字化

构建数字化农业应用服务体系，以适应农业生产的实际需要，实现农业现代化，推动农业生产绿色发展。本书建议如下：一是要加大力度推进乡村基础设施的数字化进程，加快推动农村农田水利、交通、农产品贮藏、冷链物流、农产品生产加工等基础设施的数字化、智能化转型；二是配合实施信息进村入户行动，在适应"三农"特点的信息终端、技术产品、移动互联网应用（APP）软件的研发上给予大力支持，完善面向农户的信息终端和服务供给，推动实现城乡均等化普惠制的公共服务，让文化服务、教育服务、医疗服务、金融服务走进农村千家万户；三是建立稳定的数字农业资金筹措及投入机制，配以相应的扶持补贴政策。

6.3.7　加强农业数字化标准建设，规范行业应用

数字农业作为农业发展的高级阶段，现阶段大量的行业标准还处于缺失状态。农业生产过程中涉及数据量大、涵盖信息多、动态性、多维度等特点，因此数字农业规范标准的研制显得尤为重要。本书建议如下：一是针对数字农业行业标准和国家相关标准缺失问题，以"边规划、边建设、边完善"为方向，在农业相关数据的采集、存储、分析、处理和服务标准，农业大数据平台建设运行和系统标准、数据访问、交换标准中，有效促进农业数据互联共享；二是制定农产品分类、分等、分级等相关标准，进一步推进农产品生产标准化，适时构建全产业链的农产品信息化标准体系；三是进一步建立健全农产品可溯源体系，使每样农产品都有合格证作保障，让农产品溯源、风险预警、应急召回等防风险模式形成联动，为食品安全保驾护航；四是企业与科研机构联合协助，积极推进相关标准的建立、实施与调整；五是制定统一的数字农业技术、软件平台和应用服务系统标准，为数字农业产品的系统集成、批量生产、大规模应用提供支撑，降低使用者在各个厂商系统之间切换的成本。

6.3.8　加大专业技术人才培育和引进

数字农业的推广与落地离不开优秀的农业科技服务人才。本书建议如下：一是建议我省鼓励和引导建立农业服务人员培训机构，自主培养数字农业技能

型人才，输出到省内各大农场或生产区；二是制定好数字农业人力资源战略，加大高端、紧缺型数字农业人才的引进力度，充实我省数字农业人才队伍；三是实施数字化新农民培训工程，利用数字化培训网络平台，开发数字农业、数字乡村等在线课堂，利用课堂培养一批懂农业、懂技术，能熟练运用和掌握数字化终端设备和技术的新型职业农民，让更多的有志青年投身到乡村数字化建设中，建设美丽乡村、和谐乡村。

参 考 文 献

高万林，李桢，于丽娜，等，2010. 加快农业信息化建设促进农业现代化发展[J]. 农业现代化研究，31(3)：257-261.

关金森，2018. 外国"智慧农牧业"的做法与经验[J]. 农业工程技术，38(15)：59-75.

彭英，陈楠，施小飞，2014. 基于物联网的英国智能农业进展研究[J]. 安徽农业科学，42(19)：6458-6461，6507.

王晓佳，2020. 数字经济促进黑龙江省农业与旅游业融合发展的研究[J]. 商业经济，12：15-16.

谢祝捷，曹卫星，罗卫红，2001. 作物生长模拟模型在上海精准农业和智能温室中的运用及前景[J]. 上海农业学报，2：17-21.

赵艳丽，2023. 黑龙江省数字农业带动乡村振兴战略研究[J]. 农业经济，1：45-47.

AFTAB M U, ASHRAF O, IRFAN M, et al., 2015. Habib, a review study of wireless sensor networks and its security [J]. Communications & Network 7：72-179.

BASSO B, ANTLE J, 2020. Digital agriculture to design sustainable agricultural systems[J]. Nature Sustainability, 3(4)：254-256.

CHI M, PLAZA A, BENEDIKTSSON J A, et al., 2016. Big data for remote sensing：challenges and opportunities[J]. Proceedings of the IEEE, 104：2207-2219.

GONZÁLEZ-DE-SANTOS P, FERNÁNDEZ R, SEPÚLVEDA D, et al., 2019. Unmanned ground behicles for smart farms[M]. London：IntechOpen.

KAKANI V, NGUYEN V H, KUMAR B P, et al., 2020. A critical review on computer vision and artificial intelligence in food industry[J]. Journal of Agriculture and Food Research, 2: 100033.

KAMILARIS A, KARTAKOULLIS A, PRENAFETA-BOLDD F, 2017. A review on the practice of big data analysis in agriculture[J]. Computears and Electronice in Agriculture, 143: 23-37.

LIU Y, MA X, SHU L, et al., 2021. From industry 4.0 to agriculture 4.0: current status, enabling technologies, and research challenges[J]. IEEE transactions on industrial informatics, 17 (6): 4322-4334.

MACPHERSON J, VOGLHUBER-SLAVINSKY A, OLBRISCH M, et al., 2022. Future agricultural systems and the role of digitalization for achieving sustainability goals A review[J]. Agronomy for Sustainable Development, 42(4): 1-18.

POPPE K, WOLFERT S, VERDOUW C, et al., 2013. Information and communication technology as a driver for change in agri-food chains[J]. EuroChoices, 12 (1): 60-65.

PYLIANIDIS C, OSINGA S, ATHANASIADIS I N, 2021. Introducing digital twins to agriculture[J]. Computers & Electronics in Agricultur, 184: 105942.

SCHMIDHUBER J, 2014. Deep learning in neural networks: an overview[J]. Neural Networks, 61: 85-117.

SHAIKH Z A, REHMAN A U, SHAIKH N A, et al., 2010. An integrated framework to develop context aware sensor grid for agriculture[J]. Australian Journal of Basic and Applied Sciences, 4(5): 922-931.

SHARMA R, KAMBLE S S, GUNASEKARAN A, et al., 2020. A systematic literature review on machine learning applications for sustainable agriculture supply chain performance[J]. Computers & Operations Research, 119: 104926.

SHI W, CAO J, ZHANG Q, et al., 2016. Edge computing: vision and challenges [J]. IEEE Internet of Things, 3: 637-646.

SIVARAJAH U, KAMAL M M, IRANI Z, et al., 2017. Critical analysis of big data challenges and analytical methods, Journal of Business Research, 70: 263-286.

SMITH M, 2020. Getting value from artificial intelligence in agriculture[J]. Animal

❖　Production Science, 60(1): 46-54.

TERRIBILE F, AGRILLO A, BONFANTE A, et al., 2015. A Web-based spatial decision supporting system for land management and soil conservation [J]. Solid Earth 6: 903-928.

VALIN H, SANDS R D, MENSBRUGGHE D V, et al., 2014. The future of food demand: Understanding differences in global economic models [J]. Agric Econ (United Kingdom), 45: 51-67.

VERDOUW C, TEKINERDOGAN B, BEULENS A, et al., 2021. Digital twins in smart farming[J]. Agricultural Systems, 189: 103046.

WALTER A, FINGER R, HUBER R, et al., 2017. Smart farming is key to developing sustainable agriculture [J]. Proceedings of the National Academy of Sciences USA, 114(24): 6148-6150.

WANG L, TÖRNGREN M, ONORI M, 2015. Current status and advancement of cyberphysical systems in manufacturing[J]. Journal of Manufacturing Systems, 37: 517-527.